最美儿童房设计1200例

女孩房

深圳市智美精品文化传播有限公司 编

大连理工大学出版社

Dalian University of Technology Press

图书在版编目 (CIP) 数据

女孩房 / 深圳市智美精品文化传播有限公司编. —
大连 : 大连理工大学出版社 , 2013.6
（最美儿童房设计 1200 例）
ISBN 978-7-5611-7838-6

Ⅰ . ①女… Ⅱ . ①深… Ⅲ . ①儿童 – 卧室 – 室内装饰
设计 – 图集 Ⅳ . ① TU241-64

中国版本图书馆 CIP 数据核字 (2013) 第 100286 号

出版发行：大连理工大学出版社
　　　　　（地址：大连市软件园路 80 号　邮编：116023）
印　　　刷：深圳市精彩印联合印务有限公司
幅面尺寸：210mm × 260mm
印　　张：5
出版时间：2013 年 6 月第 1 版
印刷时间：2013 年 6 月第 1 次印刷
策划编辑：袁　斌　刘　蓉
责任编辑：刘　蓉
责任校对：李　雪
封面设计：李红靖

ISBN 978-7-5611-7838-6
定　　价：29.80 元

电话：0411-84708842
传真：0411-84701466
邮购：0411-84703636
E-mail:designbooks_dutp@yahoo.com.cn
URL:http://www.dutp.cn

如有质量问题请联系出版中心：（0411）84709246 84709043

最美儿童房设计 1200 例
女孩房

目录

0~6 岁学龄前期儿童房设计方法

尽管宝宝们在 0~3 岁阶段身体生长迅速，但这一阶段的宝宝抵抗力较弱，主要活动空间是在室内，对周围环境有着很强的依赖性。对于这个年龄段的孩子们，年轻的爸爸妈妈们在装修房子的时候，要精心地制订一个宝贝计划，这样才能为宝宝们的快乐健康成长打好基础。

3~6 岁的孩子正处于好动的学龄前阶段，这个时期儿童房的设计应该以活动、玩耍功能为主。各种玩具的收纳、房间特点的体现都是这个年龄段儿童房在设计时要注意的问题。

婴儿房的装饰与装修

装修：选择天然材料，过程尽量从简

对于不少住新房、生宝宝的家庭来说，在装修过程中，家长们切不可粗心大意，装修环保这一理念要时刻牢记。

需要提醒的是，尽管刚出生的宝宝比较小，但考虑到宝宝以后的成长，应从小培养其独立生活的能力，所以有条件的话，最好还是专门为宝宝准备一间单独的房间。另外，装修要符合环保标准，要注意：即使材料、家具是环保的，若经过不合格的加工和复合过程，一些有害的物质还是会释放出来，进而对宝宝的健康造成重大的损害。所以，装修过程应尽量从简，选择天然材料。

婴儿房一般空间狭小，所以更需要经常通风换气，保持空气新鲜，有条件的家庭最好安装有上旋通风装置的窗户，通风不好的房间应该安装新风换气装置。每天应该保证早晚至少通风一次，每次应该在半小时以上，只有经常性地流通空气，才能保证居室内的有害空气及时排出。

家具：选择天然松木和无锐角的弧度设计

床、衣柜和储物柜等家具是婴儿房中不可缺少的，天然松木则是很好的家具材料。对于市场上一些色彩鲜亮的人工板材家具，家长们需要格外留心其有没有相应的环保检测报告。另外，选用儿童家具还要注意观察家具边缘有无锐利的棱角，目前市场上有些儿童家具采用无锐角的弧度设计，能够很好地避免孩子因不小心碰撞而造成的伤害。

值得注意的是，婴儿期的宝宝刚开始蹒跚学步，天天与地板亲密接触。因此，应慎选人造板材，最好选用实木地板或环保地毯。另外，耐磨且富有质感的软木地面也是不错的选择，它一方面容易使脚底产生温暖、舒适的感觉，另一方面软木材料易于铺设，因而比较适合儿童间。不过，为避免孩子在上、下床时因意外摔倒在地而造成磕伤，以及避免床上的东西摔下地时摔破或摔裂等情况的发生，设计师建议在床周围、桌子下边和周围铺上一块环保地毯。

装饰：遵循简单、环保的原则

对于刚刚出生的婴儿来说，婴儿房不宜过分讲究装饰和摆设，因为这样会增加室内有害气体的含量，应遵循化繁为简的原则。

婴儿房的墙面建议采用环保型织物墙纸作装饰，不但环保，且易于清洗。另外，婴儿房里的纺织用品，如房间的窗帘、新买的衣物、布艺家具、布制玩具等等，也要注意认真挑选，尽量选择那些环保无污染的材质。

目前市面上还销售一些泡沫塑料制品，如地板拼图，大部分色彩艳丽、价格便宜，一些家长会铺在地上让孩子玩耍，可是这些塑料泡沫制品会释放出大量的挥发性有机物质，可能会对孩子的健康造成不利影响。

POINT 空间解析

1. 高低床设计的睡眠空间可以根据需要轻松"变身"：色彩亮丽的帷幔、小小的帐篷设计、活泼的收纳袋，为孩子打造一个迷你游乐场。

儿童房装修讲究的细节设计

儿童房是孩子生活的世界，里面住着他们的梦想和快乐，怎样将儿童房装饰成孩子喜欢的天堂使他们健康地成长，是我们在儿童房装修设计时需要深刻考虑的，那么我们要怎样避免儿童房对孩子成长的不利因素呢？

1. 空间讲究：儿童房是指住宅除公用空间以外较为独立且符合儿童生理和心理发展需求的居室，通常以儿童卧室为代表。原则上，这种居室应依照孩子的年龄、性别和性格等个性因素，以其成长发展为目标，进行环境的规划和设计。

2. 基本条件：儿童房的设计应满足两个基本条件，一是为其安排舒适优美的生活场所，使他们能在其中体会亲情，享受童年，进而培养其对生活的信心和修养。二是为孩子规划正确的生长环境，使他们能在其中启发智慧、学习技能。

3. 设计原则：儿童室的设计应遵循以下几个原则：采光好、通风条件好、有学习和活动的空间、富有装饰感与色彩感、安全。

4. 储藏空间：储物空间必须适合儿童并与儿童一起成长，得容纳各种不同的功能。在孩子十岁之前，地板空间对儿童是重要的——在那以后，他们会进一步倾向桌子或台面活动。

5. 缤纷天地：儿童室的色调有很强的随意性，儿童们大部分都喜欢红色，因此，儿童室应以红色为基调，采用鲜艳、明亮、活泼的色调，激发儿童的想象力。

6. 风景墙：儿童室的墙壁是五彩缤纷的世界，可以在墙面上画上儿童喜欢的树木、花草或动物使其充满大自然的情趣，也可以展示少年儿童的才艺和业余爱好。

7. 婴儿房：婴儿房卧室应以安全为最高原则，除适宜的家具和用品外，应以性别为主要根据，从造型和色彩上塑造温柔优美、活泼、可爱的环境。

儿童房装修的注意事项

1. 注意装饰装修材料的质量，如甲醛含量高的人造板、含有苯和铅的油漆等不要用。

2. 注意儿童房的装饰设计，不要片面追求设计效果，使用过量的人造板和颜色漆，要防止造成室内环境污染。

3. 做好新装修的儿童房空气的检测和治理。新建和新装修的房屋必须经检测合格后才能入住。

4. 要加强儿童房的通风换气，一般家庭中，儿童房相对小一些；幼儿园和学校中，儿童又比较集中，很容易造成空气污染，假如每个儿童占教室空间为 5 立方米，则每小时需要换气 3 次。

5. 减少儿童在污染环境里的活动时间，在室外空气质量较好的时候，要带领儿童多做一些户外活动，这样不但可以减少室内环境中污染物质对儿童身体的伤害，还可以增强儿童身体的免疫力。

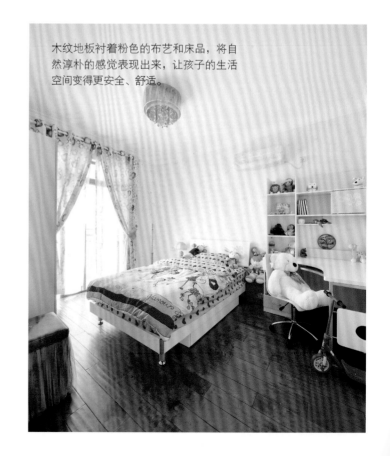

木纹地板衬着粉色的布艺和床品，将自然淳朴的感觉表现出来，让孩子的生活空间变得更安全、舒适。

1、2. 圆圈状的吊顶与圆形的床形成上下呼应，飘逸的粉色纱帐从天花板上垂落下来，衬着圆点图案的床品和粉色墙面，显得粉嫩而甜美。另一边，拱形垭口呼应着同样的墙面装饰，显得活泼、生动。

3、4. 粉色的小花以各种不同的形式出现在空间里：墙上的印花、吊灯上的铁艺花藤、花形的台灯、花瓣状的壁灯……让小女孩的睡房摇身一变，成为浪漫花园。

5. 斜屋顶与梁柱结构形成的不规则空间对于儿童来说，是最具创意的天然活动室，配上飘逸的纱幔、红色的圆床与可爱的米奇娃娃，一个天然乐园就此诞生。

6. 原木打造的双层架子床与同系列的家具让整个空间呈现出前所未有的清爽，将环保、童趣全部呈现。

粉色系的色彩选择奠定了空间的浪漫基调，是女孩房的首选色彩。图中床头墙竖直的墙纸从视觉上拉升了空间的高度。

如何用玩具和装饰品点缀婴儿房

婴儿房永远不能缺少装饰和玩具，合理的装饰和安全的玩具是最能开发宝宝潜能和智力的物品，因此，家长要学会为宝宝选择适当的装饰品和玩具。对于刚刚出生的婴儿来说，不宜过分讲究装饰和摆设，因为这样会增加室内空气中有害气体的含量，应遵循化繁为简的原则。

玩具：合理地选择玩具，不仅有利于婴儿的身心发育，还可以启发婴儿的智力，提高其动作的灵活性。根据婴儿的生理特点和心理特点，可按以下原则为婴儿选择玩具：

(1) 1~2个月大的婴儿，会凝视颜色鲜艳、带有响声的物体。玩具要挂在高度适宜、方向不同的墙上或小床的架上，最好可移动。

(2) 3~4个月大的婴儿，能改变卧位并翻身，对周围事物有辨别能力。此阶段可选择彩色气球。

(3) 5~6个月大的婴儿，装饰应配合其肌肉运动的特点，可选用有形的不倒翁、木偶或软塑料类的动物玩具。

(4) 7~8个月大的婴儿，可为其选择造型奇特的活动玩具，如七巧板等。

(5) 9~10个月大的婴儿，其玩具应选择大号彩色皮球，使球滚动以巩固婴儿的

爬行训练。

(6) 11~12个月大的婴儿，可为其选择活泼、生动的人物画册或动物图及交通工具画册。

墙面：建议采用环保型织物墙纸作装饰，不但环保，且易于清洗。纺织用品如房间的窗帘、新买的衣物、布艺家具、布制玩具等等，也要注意认真挑选，尽量选择那些环保无污染的材质。

挂饰：在房间四周的墙壁上，张贴一些色彩鲜艳的图画，最好是一些活泼可爱的儿童人物画、小动物画，可给新生儿一个良好的视觉刺激。在新生儿床的上方，15~20厘米处，悬挂一些色彩鲜艳并可发出声响的玩具，在新生儿清醒的状态下，轻轻摇动玩具，他们便会不自主地随玩具的摇动而转动眼睛，这样既训练了视觉又训练了听觉，对新生儿大脑的潜能开发具有一定的积极作用。

婴儿期房间的颜色选择

色彩影响儿童心理，孩子在婴儿期时，儿童房在线条的设计上应以简单为主，因为此时的孩子仍停留在对大面积的色彩的认识上。色彩对儿童心理特征的影响无处不在。不同年龄段的孩子，在其居室色彩、色调的选择上应该适当搭配。

性格特点：新生儿出生后，除一般神经学或反射性行为外，还具有适应周围环境的能力。他们对周围事物有强烈的感知欲望，对色彩的认识在这个阶段迅速发展。

适宜设计：婴儿期的宝宝儿童房，在颜色的选择上可以尽量对比强烈。婴儿期的宝宝对颜色的概念理解不清楚，加深颜色的对比，更容易让孩子明白各种颜色。对比强烈的红、黄、蓝、绿色墙面是最好的色彩课堂。

在中国，62.5%的3~12岁的孩子拥有独立房间，家长对孩子房间有色彩和效果上的需求，并愿意为此消费。市场决定存在，现在已有一批专业的心理与设计人员专门从事儿童房的色彩研究，根据不同年龄段的特点，推荐适合的装修色。

POINT　　　　　　　　　空间解析

1. 富有创意的墙面搁架与镜面装饰让空间变得生动活泼起来，在童趣横生的儿童房中加入时尚元素，更添时代感。

2~4. 孩子的小床靠墙摆放，将安全系数提升了一个层次，并将床靠背与飘窗结合起来打造了一个活动式的书桌，休闲而时尚。

5、6. 树形的门片设计、原木质感的地板、以垭口隔开来的书房空间、抽象的红色吊灯……让女孩房充满灵动的气息，带给孩子放心、舒服的生活享受，同时也极具发展潜力。

如何选购设计合理的婴儿床

良好的睡眠对于孩子的发育有着至关重要的作用,而宝宝能否睡得香甜,床是有一定作用的! 一个好的婴儿床除了漂亮,合理的设计才是最重要的!

安全

安全始终应当放在第一位,儿童床必须符合严格的安全标准。很多年轻的妈妈喜欢追求流行和漂亮,挑选床的时候,往往钟情于花纹比较复杂、雕饰比较多的婴儿床。但事实上,这样的床对小孩子来说是极不安全的。凸出的雕饰很可能会刮伤宝宝,镂空的图案也让宝宝手指被卡的几率增加了很多。因此,儿童床要尽量避免棱角的出现,边角要采用圆弧收边,用手摸起来要光滑。床上不要出现任何凸出的装饰物。当然,如果宝宝睡觉时不是很老实,也可以选择一款有护栏的床,免得宝宝在睡梦中滚到冰凉的地板上。

结实

小孩子,大都喜欢在床上打打闹闹,蹦上蹦下,所以挑选儿童床的时候,一定要格外关注一下床的牢固性。应挑选耐用的、承受破坏力强的床,还要定期检查床的接合处是否牢固。特别是那些有金属外框的床,螺丝钉很容易松脱,定期检查更是必不可少。

适合

适合自己宝宝的床,才是最好的床。可以根据宝宝的年龄和身高为其选购合适的床。建议选择的床不要太高,一来方便孩子上下,二来万一宝宝不小心从床上滚落,也不会受到严重的伤害。

还有一个问题困扰着很多准备买床的爸爸妈妈——买多大的床合适?买太大的宝宝睡着没有安全感,很可能会哭闹或是拒绝独自睡觉;如

果买正合适的,宝宝长得快,不到一年就得换,太浪费了。现在,儿童家具厂出产的家具,很好地解决了这个难题,有一种儿童床,是可以加高、调节长度和宽度的,这样就加长了儿童床的使用时间。

健康

材质是否为环保材料,是我们挑选家具时很看重的问题。帮宝宝挑选儿童床时,材料的选用自然也要重点关注一下了。儿童床的材料,无非就是木材、人造板、塑料、铝合金等常见的材料,而其中,取材天然、不含对人体有害的化学物质的原木,是儿童床材料的最佳选择。

不只要选择基本材料,涂料的选择也很重要。板式床具要注意甲醛含量不能超标,实木的要尽量选择表面涂刷水性漆的。最直接的辨别方法就是,闻闻家具有没有强烈的刺激性气味,如果刺激得让人流泪,就表明甲醛含量严重超标,此类家具坚决不能搬回家。给孩子用的东西,最好是选择知名品牌的,这样质量比较有保证。

多变

小孩子不喜欢一成不变的东西,越是富于变化的东西,越能引起他们的兴趣。时常变化的生活环境,还有利于锻炼宝宝想象力。如此一来,一个可以变化的床,也不失为一个好的选择。现在一些家具厂生产的儿童床,可以由一个普通的床变成高架床、上下床、L形床、一字形组合等。还有的床更加别出心裁,可以与滑梯、衣柜、书架相组合,如同拼接玩具般,同时也考验了爸爸妈妈的想象力和动手能力。

实用

床的作用,如果只有睡觉的话,那可就太浪费空间了。这么大的一个家伙摆在房间里,一定要物尽其用才行。宝宝的玩具、衣物很多,选择的时候,可以选择床下或床头带储物箱的儿童床。当然,可以充分利用空间的双层床也是一个很好的选择,下面睡宝宝,上面放一些宝宝的玩具。如果宝宝能力及屋内环境允许,还可以把E层当成另一个游戏场所,配上一个家庭简易小滑梯即可。

色彩

从儿童心理学上讲，明快鲜艳的颜色，更有利于孩子开朗性格的塑造，能激发小孩的好奇心和注意力，还可以培养孩子对色彩的敏感性。儿童床的颜色可以根据整个房间的色调来选择。

在色彩选择上最好以明亮、轻松、愉悦为主，色泽上不妨大胆尝试一些对比色。男孩的房间中可使用蓝、绿、黄等与自然界植物色彩相接近的配色方案，女孩的房间则可以选择以植物花朵为主色的柔和色系，如浅粉、浅蓝、浅黄等。

喜好

上面说了这么多，可如果宝宝不喜欢，那便统统没用。所以，选床，最好带宝宝去，听听宝宝的意见。女孩子可以挑一些文文静静甚至带些公主味道的小床。男孩子，样式可尽量简单些。

不仅仅是床，选择配套床垫的时候，也最好让宝宝亲自躺上去感受一下。因为每个孩子都有不同的睡眠习惯，在床垫质量安全合格的前提下，宝宝觉得睡哪个更舒服，就选哪个。当然，有一个准则，爸爸妈妈必须要坚持，那就是为孩子选择的床垫不要太软，由于孩子正处在生长发育期，骨骼、脊柱还没有完全发育到位，儿童床过软容易造成儿童骨骼发育变形。

淡雅的壁纸与白色的搁架、长桌搭配，为空间带来清新的气息，另一边，碎花窗帘与漫画主题的床品结合，将女孩子的柔美与清爽表露无遗。

POINT　空间解析

1、2. 碎花与格子图案的墙纸、纯净飘逸的白色圆顶纱帐、典雅精致的床架、浅粉色带流苏的窗帘、怀旧感的衣柜、花形水晶吊灯、裙边座椅……将一个如童话般浪漫的公主房呈现出来。

3、4. 独特的背景墙设计让空间别有一番风味，仿佛拉开那紫色的窗帘，就可以看到窗外的无边美景，加上花枝点缀的吊灯，更加深了这种想象的意境，带给孩子美好的生活体验。

POINT　空间解析

5、6. 卡通萌物作为儿童房重要的装饰元素，既可以是实物，又可以作为墙纸、布艺等物品的装饰图案，丰富孩子的视野，也活跃了空间气氛。

7. 抬高的地台作为睡眠区的标志，天花也以降低的方式来营造睡眠的氛围，让孩子有一种被保护的感觉。

儿童房空气污染的根源

1. 建筑材料：室内建筑、装修和家具会产生有毒有害气体，如甲醛、氨气、苯和铅等。

2. 玩具：儿童房中的装饰和摆设及各种玩具会造成污染，如地毯、毛毯、毛绒玩具中的尘螨污染、木制玩具上油漆的铅污染、塑料玩具的挥发性物质污染等。

3. 动、植物：家中饲养宠物猫、狗等，儿童与它们玩耍，容易造成细菌、真菌、病毒等生物污染。

4. 来自人体本身：人的肺部每天大约会排出 20 多种有害物质，人向外呼出的气体中有多种挥发性毒物。幼儿园和学校中，儿童过于密集，每个儿童占有空间过小，更容易加重室内的二氧化碳污染。

5. 家电：家中的电子产品如电脑、电视机的屏幕有能引发癌症的电子辐射。空调只是制冷、制热，由于它只循环室内的空气，会使新鲜的空气无法流通，空调过滤网的沉积灰尘亦是室内污染源之一。

怎样给婴儿选择玩具

儿科专家提醒，人在普通室内谈话的音量大概是 40 分贝到 60 分贝，一旦音乐玩具的音量超过此范围，就可能对宝宝的听力造成永久性的损伤，而嘈杂的音乐则会影响宝宝的情绪，令其烦躁，由于孩子太小不会表达，就会出现哭闹不止的情况。而且，音乐玩具大都以电池作为能源，这些电池很容易被宝宝抠掉，特别是一些纽扣电池，有被宝宝吞食的危险。因此，家长在给孩子买玩具的时候，尤其是三岁以下的宝宝，最好选择没有声音的玩具。

家长在为孩子选择玩具的时候也要特别小心，一些毛绒玩具中有尘螨污染、木制玩具上有油漆的铅污染、塑料玩具则有挥发性物质，所以买玩具还是要到放心的商场，选择放心的品牌。

POINT
空间解析

1. 蓝色的小房顶与红色的小窗组合成床头墙上最可爱的风景，与淡蓝色的木质家具组合在一起，清新而浪漫。

2. 半圆形的帐幔很好地衬托出精巧的单人床，床品也选择了与帐幔相同的款型，富有整体感的同时也营造出浪漫的闺房氛围。

3. 粉红色的花瓣灯饰既是很好的墙面装饰，又是可爱的玩具，更是孩子睡眠时的贴心伙伴，可爱的外形与柔和的光线让孩子爱不释手。

4. 玫瑰花的床单有着浅紫色的裙边，在以白色为主调的空间里显得亮眼而浪漫，再加上女孩子最爱的布偶，满满的幸福就此洋溢出来。

5. 床与飘窗紧靠在一起，将飘窗台作为陈列小物品的平台，既方便取放，又可以作为陈列展示，一举两得。

6. 略显暗沉的色调打造出偏冷的气质，为孩子营造出适合睡眠的氛围，搭配简单活泼的家具与可爱的装饰，让玩乐的时光同样精彩。

7. 可爱的玩具娃娃与粉色碎花床品、条纹墙纸一起为小女孩创造了一个生动活泼的生活空间，满足了小女孩的各种浪漫幻想。

8. 方正的格局、简洁的布置让这个小空间彰显出大气感。两个小窗户也让室内的光线十分充足。

婴儿房如何设计和布置

婴儿房的门窗

1. 窗户上要安装铁栏杆，防止宝宝爬上窗台后掉落。

2. 婴儿房的门上最好系个铃铛，以保证宝宝爬（走）出去时家长能听到声音，防止意外发生。

3. 不要把婴儿床或其他可以爬上去的家具放在窗子附近。

4. 如果家里有玻璃门，一定要在玻璃门上贴一个醒目的标志，提醒宝宝在房间里走动或跑动时小心点，以免撞伤。

婴儿房的玩具和其他用品

1. 玩具应放在较低的位置，方便宝贝拿取。

2. 婴儿房的家具或架子要固定在墙上，但不要构成阶梯形，以免宝宝攀爬时摔下来或攀爬时弄翻家具。

3. 樟脑丸等物品要放在高处，以防宝宝误食。

4. 玻璃等易碎品应放在宝宝够不着的地方。

5. 宝宝的玩具不要放在箱子里，如果放在箱子里，应在箱子的角上安置橡皮垫以避免挤压宝宝的手指。

6. 破损的玩具要及时扔掉，以免尖锐的棱角伤害宝宝。

婴儿房设计需注意采光问题

布置任何房间都需要注意房间的采光问题，婴儿房也一样，白天为避免日光照射，影响宝宝中午睡眠的质量，应在窗户上安装窗帘；而夜晚应选择适当的光照以免影响婴儿的生长发育。

日间采光问题

婴儿房最好应有窗户，并安装窗帘，窗帘的功用是避免阳光直射房内，刺激宝宝眼睛，让宝宝在白天也能睡得安稳，晚上将其拉下可增加孩子的安全感，其材质有布帘、卷帘、百叶窗等；在窗户及窗帘的设计上需特别注意安全，窗户需安装插销以防止宝宝自行扳开；窗帘最好采用宝宝够不到的短绳拉帘，不然也必须将窗帘绳系好，切勿随意放置，以免婴幼儿不小心绊倒。

夜间采光问题

有的宝宝睡觉时，经常是看见灯光才肯睡，只要妈妈一关灯，就哭闹个没完没了。妈妈为了宝宝能好好地入睡，往往会将卧室里的灯通宵达旦地开着。然而，最新的医学研究表明，婴儿如果经常在开灯的环境中睡眠，可导致睡眠不安稳及睡眠时间缩短，进而影响生长发育的速度。

任何人工光源都会产生一种微妙的光压力。这种光压力的长期存在，会使人尤其是婴幼儿表现得躁动不安、情绪不宁，以致难于成眠。同时，让宝宝久在灯光下睡觉，会导致他们的睡眠时间缩短，睡眠深度变浅且易于惊醒。婴儿的神经系统还处于发育阶段，还很脆弱，调节环境变化的机能也很差，如果卧室内整夜亮着灯，就会改变宝宝适应昼明夜暗的生物钟的规律，使他们分不清黑夜和白天，不能很好地睡眠，这样，就会影响大脑分泌生长激素的功能，使身高和体重的增长比其他的宝宝慢。

此外，经常在灯光下睡眠的宝宝，光线对眼睛的刺激持续不断，眼睛和睫状肌便不能得到充分的休息。这对于婴幼儿来说，极易造成视网膜的损害，影响其视力的正常发育，日后容易形成近视眼。据资料显示，经常开一盏小灯睡觉的宝宝，30% 成了近视眼，而开大灯睡觉的宝宝，近视眼的发生率则高达 55%。

因此，要让宝宝慢慢习惯在黑夜中入睡。家长可以在房内设置一些光线柔和的壁灯或台灯，合适且充足的照明，能让房间温暖、有安全感，有助于消除孩子独处时的恐惧感。到晚上睡眠时，逐渐把灯光一点点调暗，最后做到让宝宝完全适应关灯睡眠。

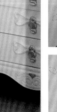

婴儿期家具选购要点

家具特点：舒适、安全、健康
功能要求：拥有舒适的睡眠和活动空间
孩子在婴儿时期需要精心呵护，为婴儿期的宝宝选购家具时一定要注意婴儿床的设计都应该是圆角的，这样能避免磕碰宝宝。床下应有滑动轮，以便婴儿床随意移动，方便家长随时照料婴儿。材质最好为实木，具有良好的环保功能。

 空间解析

1. 印花墙纸、碎花白纱、碎花布帘、裙边抱枕、粉色小花床品……这些将空间装扮得如同花的海洋，在其中生活的小女孩一定能感受到花的馨香与满满的幸福。

2~4. 床头墙的空间与其费尽心思地去装饰它，倒不如用搁架来展示、收藏小女孩的宝贝，丰富空间形态，让粉白的空间更富有情绪。

5. 心形图案与粉、白的色调将小女孩的闺房装扮得如同童话中的公主房，甜美而温馨的氛围让孩子拥有好的睡眠。

6、7. 可爱俏皮的布偶就如同美食一样让孩子欲罢不能，这样一个用卡通图案、布偶点缀的房间，自然会成为孩子的乐园。

8. 裙边装饰出现在透明纱帐与布艺窗帘上，为空间平添了几分柔美气息，搭配着古典精美的家具，更添几分优雅。

14 个成功的婴儿房设计

孩子婴儿阶段正处于活泼好动、好奇心强的阶段，在设计婴儿房时，需处处用心。婴儿房用品的配置要适合孩子的天性，以柔软、自然素材为佳，如地毯、原木、壁布或塑料等。家具的款式宜小巧、简洁、质朴、新奇，同时要有孩子喜欢的装饰品位。配色上宜选用较为靓丽的色彩，完美的婴儿房设计能在潜移默化中孕育并发展他们的创造性思维能力。

1. 梦幻粉色皇宫
整体点评：富有童趣的卡通画是此款婴儿房的美妙之处，无论是橱柜上还是婴儿床上或是墙壁上，都印有成套的卡通小公主的图案，且皆为粉色系，美丽、梦幻，很适合女宝宝。
配色方案：粉色 + 奶白 + 少量棕咖

2. 绿意点缀
整体点评：蝴蝶、青蛙、花朵都化身为绿色，将层层绿意掺入原木整体婴儿家具中，婴儿房即刻靓丽了起来。
配色方案：绿色 + 原木色 + 灰白

3. 深粉系爱心屋
整体点评：白色的配套家具洁白无瑕，甚至连婴儿床都披上了梦幻的白纱床幔。公主房又怎么少得了粉色？此款深粉系与白色交错，加上爱心软装的点缀，演绎出别样绮丽的感觉，让小公主在此幸福长大。
配色方案：白色 + 深粉

4. 紫色动物世界
整体点评：淡紫色，将婴儿房调合出无比甜美、幸福的感觉，除了美丽的墙体，动物世界的主题也给宝宝们带来了欢乐，除了各种动物造型的毛绒公仔陪伴于各个角落，被子上的鸟儿、窗帘上的蝴蝶，也带宝宝进入奇幻的动物世界。
配色方案：淡紫色 + 白色

5. 田园粉
整体点评：一面碎花墙纸、一面小粉格墙纸，好不有趣！沙质窗帘也为美丽的田园粉，增加了渲染度，可爱的公主宝宝正站在其中不亦乐乎。
配色方案：粉色 + 白色 + 黄色

6. 温情红 + 灰
整体点评：红色最是热情，掺入灰色，将热情演化成温情，墙壁选择性地刷上红色，其余部分为灰色，再配以红色家居软装。

色彩搭配：红色 + 灰色 + 白色 + 咖啡色

7. 俏皮白色小窝
整体点评：整个婴儿房给人以俏皮的感觉，这是图案的功效，房间中的每一个搁板都有一个迷你的背景墙，上面的图案皆为亮丽的糖果色，而门后的儿童画也着实可爱，不仅如此，玩具手推车、橱柜、被子、地毯，都印有十分俏皮可爱的卡通图。
配色方案：白色 + 少量彩色

8. 不规则型婴儿房
整体点评：不规则空间的优点就在于能够明确地划分出区域，比如，宝宝的婴儿床摆放在内部，外侧较大的空间为活动区域，将隐蔽空间与玩乐空间巧妙分开。
配色方案：绿色 + 黄色 + 棕色

9. 多功能婴儿床
整体点评：小区域成就婴儿房所有功能。大大的婴儿床，主要部分是床，一部分空间为收纳所用，放入尿布、毛巾、乳液等日常护理用品，收纳区域上方为护理台，宝宝可躺在上头换尿布。
配色方案：蓝色 + 咖啡色

10. 白色夹杂彩色元素
整体点评：白色能配合各种色彩，将彩色元素融入其中，墙壁上的挂饰为彩色，陈列架上的玩具为彩色，橱柜上的字母、数字为彩色，用色彩开启宝宝的无限想象。
配色方案：白色 + 淡蓝 + 彩色

11. 嫩绿装点
整体配色：嫩绿色最带有春意，嫩绿色的绿树背景墙墙贴弥补了空洞的白墙，而地板

1. 床尾的墙面以童话故事的场景为主题，为孩子描绘出一幅生动、可爱的画面，不管是躺着，还是在室内活动，都可以看到这温馨的一幕。

2、3. 可爱的玩偶娃娃是孩子成长过程中最可靠的伙伴，尤其是女孩子，充满童话气息的房间更是少不了玩偶和娃娃的陪伴。

4. 纯木材质打造的家具结合甜美可爱的布艺，将舒适、安全、美观集于一身，打造属于孩子的专属空间。

5. 裙边与蕾丝是最具浪漫气质的闺房元素，粉色的床品、欧式典雅的床架、浪漫飘逸的窗纱，将最温柔的风情献给成长中的小女孩。

6. 五彩缤纷的圆与粉红的床单在以白色为主的空间里显得尤其鲜明，活泼生动的图案让空间充满孩子气和活泼感。

也是少见的绿色，整体感觉十分和谐。

配色方案：嫩绿色 + 白色 + 黄色

12. 斜屋顶婴儿房

整体点评：婴儿房设于阁楼上，倾斜的屋顶、倾斜的窗户，将日光倾斜地引入屋内，照亮了墙壁和婴儿床。因此，根据此设计，纳入自然主题的背景墙设计，一侧的墙壁为立体感树状墙贴，婴儿床背面则为蓝天白云，很有意境。

配色方案：蓝色 + 白色 + 咖啡色

13. 温暖淡黄色

整体点评：不用过多的装饰，蛋黄色与白色的搭配，就能演绎出无比温馨可爱的效果，如白色的婴儿床，蛋黄色的侧板，黄床垫，白色的橱柜，蛋黄色的把柄……宛如鸡蛋般诱人。

配色方案：蛋黄色 + 白色

14. 维尼世界

整体点评：欢快的维尼，悠闲的小猪，幸福的跳跳虎，慵懒的屹耳……维尼世界总是充满快乐。将宝宝带入这个世界，铺上绿色"草坪"，披上暖色空间，请入维尼、小猪，好一个维尼世界。

配色方案：绿色 + 黄色 + 白色

婴儿房装修
严格唱好三部曲

0~3 岁的婴幼儿，大部分时间都是在室内度过的，这一阶段婴儿的机体抵抗能力相对较低。所以，给婴儿布置一个环保、安全、舒适的室内环境，对孩子的健康发育成长至关重要。

要想给孩子一个绿色环保的婴儿房，装修时必须选择绿色环保的建材饰材。不过，并不是使用了绿色材料，就一定是绿色装修。装饰装修材料也许都是符合环保标准的，都是绿色的，但多种材料集合在一起后，情况就会发生变化，而有害物质的释放，又和温度、湿度的变化息息相关。因此，要装出一个绿色环保的婴儿房，一定要遵行以下三个步骤。

饰材选绿色

在婴儿房的装修中应尽量使用天然环保的材料，如木制材料。具体来说，房屋的装饰装修，地面、墙面、灯具是三大主要项目，所以，婴儿房的装饰装修材料不可不注意这三类。

地面：婴儿房的地面最好选用实木地板或环保地毯，这些材质天然环保，并具有柔软、温暖的特点，适合婴幼儿玩耍、学习爬走等。

墙面：婴儿房的装饰装修，墙面以环保型织物墙纸做装饰比较好，既不怕涂画，又易于清洗。

灯具：婴儿房里的灯具应该根据位置的不同而有所区别。顶灯要亮；壁灯要柔和；台灯不要刺眼睛。顶灯最好用多个小射灯，角度可任意调转，既有利于照明，又有利于保护婴幼儿的眼睛。

施工须环保

装饰装修材料经过加工和施工，已经在形态上发生了变化，而材料中有害物质的释放量也会随之产生变化。因此，婴儿房的装饰装修要选择加工工序少的装修材料，以"无污染、易清理"为原则，尽量选择天然材料，中间的加工程序越少越好。一些进口的婴儿专用壁纸或高质量的墙壁涂料都符合这一原则：有害物质少、易擦洗。

环保有标准

根据国家有关规定，婴儿房中室内主要环境指标有：一氧化碳每立方米小于 5 毫克；湿度应该保证在 30% 至 70%……其他的室内环境指标有：装饰装修工程中所用的人造板材的甲醛释放限值每升应该小于 1.5 毫克；居住区大气中有害物质的最高容许浓度空气氨的标准是，每立方米空气中氨气不超过 0.2 毫克。

上面已经多次提到，婴儿房装修后，一定要注意通风换气。据室内环境专家测试，室内空气置换的频率，直接影响室内空气有害物质的含量。越频繁地进行室内换气或使用空气过滤器、置换器等，空气中有害物质的含量就会越少，甚至不存在。

1、2.对于小孩子来说，富有变化的房间是最具吸引力的，因此，这里便选择以抽屉式的床来满足孩子的探索心理，并刺激孩子的大脑发育。

3.各种不同形状的凹凸面让空间产生了迷宫般的意境，色彩与灯光的协调更增强了这样的感觉，带给孩子新奇的体验。

4.蓝底白点的墙纸与富有层次的建筑线条相结合，加上高立的床柱与方形的构架，让空间产生了些许深邃感，如同星空一般，带给孩子好的睡眠。

5.淡淡的蓝色在光线的作用下呈现出水波般的柔和感，加之月亮形状的吊灯，整个空间洋溢出淡淡的海洋气息。

6~8.在蓝与白组合的空间里，一切都显得柔和无比，不管是床还是柜体，全部用软包的形式进行了圆角处理，不但看着舒服，住着更舒适、安全。

3~6 岁儿童房设计要点

设计特色：以性别区分，充分拓展游戏空间

3~6岁的孩子活泼好动，他们上了幼儿园，开始接受教育；在家喜欢玩玩具和其他游戏，智力与活动能力得到进一步的提升。这个阶段的孩子还有另一个明显的特征，就是他们开始懂得性别的区别，很强调自己是男孩子或者是女孩子。因此，家装设计师在为这个年龄段的孩子设计儿童房的时候，应当充分考虑他们这一心理，为他们打造截然不同的生活和游戏空间。

一般来说，男孩子和女孩子对于色彩的感受比较明显，男孩子喜欢蓝色、淡黄色和绿色，女孩子则明显更喜欢粉色和紫色。因此，要适当参考他们的喜好，在天花板、墙壁、家具等区域使用他们所喜欢的色彩。不过，设计师提醒，这个时期的儿童房色彩浓度要掌握得恰到好处，颜色太深，容易让孩子心理产生早熟的迹象，而色彩太艳丽，又会让身处其中的孩子产生不安宁感，容易脾气暴躁。

此外，这个年龄段的孩子玩具较多，因此，在儿童房内应开辟一块可供游玩的小型游戏区，并设置一个摆放玩具的玩具架，这个玩具架应可容纳孩子们的所有玩具，进而避免儿童房显得过分凌乱。

POINT 　　　　空间解析

1. 白色的墙面模拟隔栅做出凹凸不平的形状，并结合搁板做出置物平台，丰富墙面形态的同时也有一定的实用功能。

2、3. 白色的家具书写着简约时尚，实木地板流露出自然淳朴，粉色的卡通床品表达着活泼可爱，大幅玻璃窗紧密联系室内外，几者合而为一，为孩子创造一个舒服而贴心的睡眠空间。

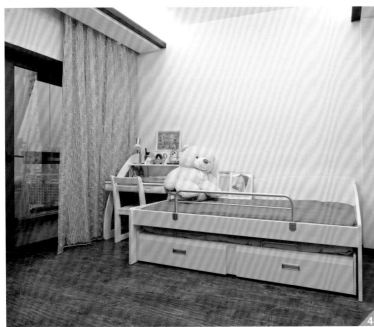

4、5. 组装式的儿童床满足了孩子的多种想象，既能满足孩子探求新奇事物的心理，又能实现一定的实用价值。

6. 银色的星星与黑色的床架、床头柜形成鲜明的对比，凸显出孩子关注的事物，既满足了孩子的喜好，又丰富了墙面的表情。

7. 圆形的吊顶与圆形的床上下呼应，在白纱与红色床品的对比下形成一个温馨、浪漫的独立区域，将可爱与优雅完美呈现。

女孩房的"公主"梦境

别以为儿童房就是小一号的家具加上随处可见的洋娃娃或者汽车模型，孩子们越来越有主见，千篇一律的布置可不能让他们称心满意。

浪漫女孩房

打造浪漫的公主风儿童房，梦幻可爱的粉色必不可少。娇俏的粉红色明丽照人，大面积用于墙上，甜美的感觉呼之欲出，纯纯的粉色充满青春活力，明亮的颜色还能帮助刺激孩子的脑部发育。家具方面，多数采用白色家具，能与粉红色的主色调很好地协调搭配。

家具以白色为主，平衡了粉色的张扬，整体感觉干净明快。墙面安装隔板和接替式挂钩，令孩子繁多的玩具等零碎物品有了归宿。睡床则可选用上下床结构，一旁阶梯式的储物格方便实用。

角落可打造成一个休闲游戏区，柔软的坐垫可爱舒适，还可以在这里铺上块地毯，孩子在这里写写画画或是读书玩耍，都会自在又安全。

女孩子的"糖果屋"

要打造女孩子梦中的糖果屋，让房间处处洋溢着甜蜜的味道，用嫩粉、淡紫等温馨的色彩作为主色调便再合适不过了。"小公主"们喜爱的卡通动物或花朵图案都能成为女孩房的主题，配以带有碎花及蕾丝的精致布艺、轻柔飘逸的纱帘幔帐，就能将童真与浪漫体现得淋漓尽致。让屋子填满心爱的娃娃是每个女孩子的梦想，各式各样的娃娃和毛绒玩具也一定会成为女孩房的主角，让整间居室变成一个梦幻般的童话王国。

色彩分析

粉色是女性的颜色，温柔甜蜜。在色彩心理学上，粉色通常用于创伤治疗，因其象征温柔、甜蜜、没有压力，可以软化攻击，安抚浮躁。在女孩子的房

间强调粉色是十分必需的，它能够加强女孩对自身的关注，培养温柔、善良的品质。橙色近年来在广告创意中倍受青睐，橙色是欢快活泼的色彩，是暖色系中最温暖的一种，具有童话色彩。橙色明亮温暖，适合儿童天真的心理，它的鲜艳也会给孩子带来活力和希望。橙色是比较鲜明的颜色，能够刺激神经的发育，对于性格软弱内向的孩子，橙色有利于开发心智，增强自信。

在众多色彩中，黄色是极具关注度的颜色，在色彩心理学上，它与橙色一样也有利于加强信心，增添活力和快乐的感受。淡黄色可以给人温馨的感觉，明黄色则像阳光一样让孩子感到安全。同时，根据心理学家的研究，明黄色还有助于提高孩子的思维敏捷度，可以提高智力。

红色是一种热情洋溢的颜色。在中国传统文化中，红色的物件意喻吉祥，有保佑孩子的喻意。同时，红色还象征着爱，把孩子的房间布置成红色系，让孩子感受到父母浓浓的爱意。与橙色、黄色一样，红色可以刺激孩子的神经发育，增强孩子的自信心。

"紫气东来"比喻贵人从东边而来，紫色是高贵的象征，与充满动感的橙色不同，紫色也许更适用于个性活泼外向的孩子。紫色能够让人沉静，有助于启发孩子的思考。孩子的好奇心是求知欲的表现，紫色可以引导孩子们感悟生活。

POINT　　　　空间解析

1、2. 圆形的床与淡紫色的纱幔组合，将甜美和浪漫表现得淋漓尽致，加上时尚简约的搁架与飘窗设计，为孩子创造舒适自在的生活空间。

3、4. 粉色纱帐与白色纱帘让整个空间充满浪漫、神秘的气质，加上可爱的布偶、木马，一个活泼可爱的空间就此呈现。

5. 实木地板是儿童房中最环保、最天然的保护屏障，配上原木质感的家具陈设，将自然朴实演绎得淋漓尽致。

6、7. 白色的小床充分照顾到宝宝的各方面情况，并结合儿童所需的家具、活动场地和收纳等多方面的需求，为孩子提供了安全、舒适的环境。花朵形状的壁灯以温和的光线与可爱的造型成为了孩子睡觉时的最佳伙伴。

儿童房怎样根据性格选择壁纸颜色

儿童房的色彩多通过墙壁来表现，在色彩和空间搭配上最好以明亮、轻松、愉悦为主，可多点对比色地交叉运用。一般来说，学龄前儿童通过色彩、形状、声音等感官的刺激直观地感知世界，在他们眼里，没有流行的色彩，只要是对比反差大、浓烈、鲜艳的纯色都能引起他们强烈的兴趣，也能帮助他们认识自己所处的世界。把孩子的空间设计得五彩缤纷，不仅适合他们天真的心理，而且鲜艳的色彩也会洋溢起希望与生机。

对于性格软弱、过于内向的孩子，宜采用对比强烈的颜色，刺激其神经的发育；而对于性格太急躁的孩子，淡雅的颜色，则有助于塑造其健康的心态。在装饰墙面时，切忌用那些狰狞怪诞的形象和阴暗的色调，因为这些饰物会使幼小的孩子产生可怕的联想，不利于其身心发育。

采用色彩绚烂、有童趣图案的壁纸打造儿童房墙壁，是最佳的选择，不但可以刺激儿童的视觉神经，使儿童对形状复杂、色彩鲜艳、有视觉深度的图形产生兴趣，还会促进他们的大脑发育，让孩子有无限遐想的空间，培养他们思考、感悟、想象的能力，在一定程度上会对大脑的开发有很好的效果。另外，为了满足儿童的想象力，还可选用蓝天、白云、绿草等景观，或者一些小动物的造型，这样的设计都会对孩子幼小的身心起到良好的促进作用。

1. 圆角处理的搁架既丰富了墙面形态，又很好地配合了空间氛围，将优雅、柔和、浪漫的气质带入空间。

2. 深色实木与黑白条纹墙纸打造的空间显得沉静而温馨，包围式的床铺设计更是带给孩子最贴心的保护和照顾，既满足了孩子的好奇心理，又充分考虑到了安全问题。

3、4. 灰色的印花墙纸与米黄色的床品、黑色的家具搭配，显出几分成熟，却又流露出几分柔和的情绪。

5. 结合空间的不规则形状打造出别有特色的儿童房，睡眠区与游戏室分别用抬高的形式区分出来，并利用倾斜的结构营造出最具睡眠气质的卧室。

6. 橙色的床头墙让人眼前一亮，即便是搭配卡通图案的床品，也能很好地协调在一起，为空间平添几分活力。

碎花壁纸装点的空间显得清新可人，
搭配着白色的子母床，将满满的爱
意与深深的关怀充分表达出来。

儿童房装修技巧

装修达标了，用具也合格了，儿童房还有一些细节要特别注意。这些看似无关痛痒，但决不可掉以轻心。

一则宝宝小，抵抗力、自制力弱；二则即便细小的影响一时看不出来，但日久天长，时日一久就会潜移默化，聚沙成塔了；三来，有些看似平稳、牢靠的地方，实则很容易发生突发性事故。所以，从长远考虑，还是防患于未然的好。

一、卧室

1. 卧室不能设在机器房边、露台楼下，不要悬挂太多风铃，否则易造成宝宝脑神经衰弱。

2. 天花板应平坦，以乳白色为佳；天花板可装饰纵横木条，但不可悬吊奇怪饰物。

3. 地板不可铺深红色地毡及长毛地毡，以免患上支气管炎、哮喘。

4. 光线应该明亮；忌大面积使用粉、大红、深黑色，以免宝宝形成暴躁不安的个性。

5. 卧室如果小，装潢应简洁，使空间看起来显大为好。

6. 卧室门最好不要对着厕所门。

二、卧室墙壁

1. 不要贴太花哨的壁纸，以免宝宝心乱、烦躁。

2. 最好不要贴奇形怪状的动物画像。

3. 不要贴武士战斗的图画，以免宝宝产生好勇斗狠的心性。

三、床位

1. 若面向窗户，阳光不宜太强，太强易让宝宝心烦。

2. 不要放置在阳台上，更不宜靠近阳台上的落地窗。

3. 床头不要正对房门。

4. 床头不要放录音机，以免宝宝神经衰弱。

四、书桌

1. 不要正对门。

2. 不要面向厕所浴室，也不要背靠厕所浴室；左右不要与厕所浴室门相对。

3. 不要面向屋外正对巷、路或水塔。

4. 书桌前最好不要有高物压迫，包括书架。

1. 棕色的绒毯与低矮的床铺设计将温馨、活泼的房间展现在孩子面前，红色、黑色为主要搭配的色彩为空间增添了几分时尚感。

2. 白色的简约型家具与浅木色地板勾勒出一个清爽明朗的睡眠空间，卡通图案的床品和熊娃娃伴随着孩子成长的每一天。

3. 墙角处用蓝色涂料勾画出几枝树杈和路灯、鸟巢，与淡蓝色的床架很好地联系在一起，带给孩子最纯净、童趣的想象空间。

4. 手绘的树藤比照婴儿床的设计而画，让在这里休息的孩子有一种被保护的感觉，环保的设施与清新的色彩带给孩子最贴心的照顾。

5~7. 悠闲的长颈鹿、可爱的小牛、高大的椰子树、长长的绿草……勾画出一幅和谐的自然场景图，带孩子进入动物的乐园，与布偶一同享受这不可多得的休闲、惬意。

避免儿童房装修污染的九种办法

装修是造成室内环境污染的主要因素，装修污染会对居住者健康造成不利影响，尤其对生长期儿童的健康危害更大。专家介绍，在装修中避免儿童房室内环境污染极其重要，要在以下几方面引起重视；

第一，装修设计时要采用室内空气质量预评价方法，预测装修后室内环境中的有害物质释放量浓度，并且要预留一定的释放量浮动空间。因为即使装修后的室内环境达标，但在摆放家具以后，家具也会释放一定量的室内环境污染物质；

第二，要选用有害物质限量达标的装修材料；

第三，施工中的辅材也要采用环保型材料，特别是防水涂料、胶粘剂、油漆溶剂（稀料）、腻子粉等；

第四，应崇尚简约装修，尽量减少材料使用量和施工量；

第五，房间内最好不要贴壁纸，以减少污染源；

第六，不要使用天然石材，如大理石和花岗岩，它们是造成室内氡污染的主要原因；

第七，油漆和涂料最好选用水性的，虽然价格可能会高一些；颜色不要选择太鲜艳的，越鲜艳的油漆和涂料，所含的重金属物质含量就越高，这些重金属物质与孩子接触容易造成孩子铅、汞中毒；

第八，要与装修公司签订环保装修合同，合同中应要求施工方在竣工时提供加盖 CMA（中国质量认证）章的室内环境检测报告；

第九，购买家具时，最好选择实木家具，家具油漆最好是水性的，购买时要看有没有环保检测报告。

冬季如何为孩子
创造健康居室

无论北方还是南方，冬季都是宝宝难熬的一个季节。每年冬季因为室内环境给宝宝健康带来的问题都不在少数。那么，要怎样给宝宝营造一个温暖舒适而又健康的居室环境呢？

保持室内空气新鲜
每天开窗换气不应少于两次，每次不能少于30分钟，且宜选择在上午、中午开窗，此时空气质量较好。

调节湿度
过分潮湿和过分干燥的空气都对宝宝身体不利。冬季采暖期间最好在室内安装温、湿度计，及时调节室内温、湿度。在湿度低时不妨采取地面洒水或启用加湿器等方式对空气加湿。

扔掉清新剂
空气清新剂的主要成分是香精和产生压力的喷射剂，主要用来掩盖空气异味，但它并不能消除室内的污染物。而且，空气清新剂中的化学物质对宝宝的健康毫无益处，反而会加重空气的污染程度。

适当绿化
合理选择花卉是优化室内空气质量的一个简单实用的方法。吊兰能吸收一氧化碳和甲醛；天南星能吸收空气中的苯和三氯乙烯；石竹能吸收二氧化硫和氯化物；月季、蔷薇可吸收硫化氢、氟化氢、苯酚、乙醚等有害气体。但丁香、夜来香、夹竹桃、洋绣球、郁金香及松柏类花木等则不适宜在室内摆放。

1、2. 结合不规则的空间结构打造的睡眠区有着最贴合的护墙，让小小的单人床处于被包围的状态，将安心、舒适与甜蜜带给小朋友。

3. 墨蓝色的墙布结合白色的床品，鲜明而独特的配色让一切显得清晰明了，加上富有个性的家具设计与饰品装饰，带给孩子不一样的生活体验。

4. 橄榄绿的墙面与内凹式的搁架设计为素雅的空间增添了几分清新和自然，将春天的感觉与田园的气息带入空间。

5. 蓝色代表着纯净、浪漫、放松，这里的子母床、飞机模型的灯饰以及蓝色衣柜，都满足着小孩子好动的个性与探奇的心理。

6. 除了色彩丰富的布艺家饰和形象生动的小饰品，绿意扑鼻的常绿盆栽也是很好的室内装饰之一，既可以保持空气清新，又有着美化空间与丰富视野的作用。

7. 格子图案在窗帘、床单、抱枕、沙发等处多次运用，将男孩子的帅气与女孩子的柔美融合在一起，打造了一个舒适温馨的小孩房。

1. 不同颜色的纱帐将这个空间装点得如同童话故事中的殿堂一般，加上卡通图案与娃娃的点缀，小女孩的天真、活泼一览无遗。

2. 白色的双层床架为姐妹俩提供了一个共享的卧室，吊灯也结合女孩子的个性选择了卡通造型的，既有点可爱，又充分迎合了女孩子的喜好。

3. 清新明快的风格也是女孩房设计的主题。图中亮丽的色彩有效地避免了空间过小带来的压抑感。

4. 翠绿的颜色为空间添上一抹新绿，加上黄色、粉红、花朵、卡通图案的点缀，将女孩子的甜美、可爱表现得淋漓尽致。

5. 欧式建筑风格配上清新浪漫的软装配饰，将女孩子喜欢的感觉很好地表达出来，素雅的卡通图案与独特的墙面装饰相结合，带给孩子尊崇、浪漫的生活体验。

年龄不同需求也不同，儿童家具选购有讲究

婴儿时期，年轻的父母会为宝宝选择摇篮，稍微大一点，就会选择独立的床、玩具柜和衣柜。经过多年的市场培育，家长对儿童家具在环保性等方面有了一定的认知，但是，宝宝到底需要什么样的家具呢？很多家长可能并不清楚。

3岁前 塑料桌椅最安全

3岁前的婴儿家具只有三个要点：舒适、安全、健康，让婴儿拥有舒适的睡眠和活动空间。如果打算在宝宝大一点之后换家具，最好为其购买摇篮。摇篮有木制、塑料材质以及铁艺框架的，摇篮内壁四周围有厚厚的一层棉垫，以保护宝宝在里面玩耍滚动时的安全。

不管是什么材质，儿童家具的拐角处最好处理成圆形，以防尖锐的角撞伤宝宝。至于玩具，最好不要买布娃娃和绒质玩具，以免他们撕咬时堵塞呼吸道。

值得注意的是，现在的儿童塑料玩具有很多种类，如PP、ABS、PVC等，其中PVC在国外已被禁止用在玩具上。家长最好购买PE（食品级工程塑料）材质的产品。一般来说，颜色越深，金属色越重，有害物质越容易超标。

3岁后 色彩决定创造力

3岁开始，儿童的世界进入彩色时代，他们对颜色的敏感度大大超过了成年人。不同的颜色可以刺激儿童的视觉神经，千差万别的图案可以满足儿童对整个世界的想象，提高儿童的创造力，在潜移默化中影响孩子性格的发展。所以，儿童空间的颜色配置，以选用较为鲜艳的色彩为宜，例如橙色、鲜黄色、奶白色、粉蓝色及苹果绿色等。

这一期间的儿童家具应色彩欢快、具有趣味性，功能要完备，要强调收纳功能，兼顾娱乐和学习两种功能，为上学做好准备。婴儿时期的塑料家具应被淘汰，重新购买木质的家具，拐角最好也经过圆形处理。相对来说，实木儿童家具比板式儿童家具要环保，购买颜色鲜艳的儿童家具，一定要索取环保证书。

3岁以上的孩子已经开始有自己的主意了，因此，尊重孩子在空间、色

彩及家具造型上的喜好，会让他们更早地意识到自己的重要性和独立性。聪明的父母在做决定前，会让孩子参与家具、玩具的选购行列，尊重他们的权利、意见及想法，让他们有"被尊重"的感觉。至于玩具，布娃娃、毛绒玩具在这个期间都可以给孩子购买。

这个年龄段的儿童喜欢把物体垒高，然后推倒，再重垒，以此建立三维空间的感觉；真正开始有意识地使用工具，比如在墙壁上、柜子上剪、贴、涂各种颜色和图案，逐渐对绘画、认字、音乐产生浓厚的兴趣。所以，那种下面是游戏空间，上面是睡床的儿童家具，是这一时期儿童的最佳选择。

1、2. 亮丽的色彩以勾边或点缀的形式出现，带给人眼前一亮的感觉，既让人觉得素雅温馨，又觉得很有亮点，可爱的熊娃娃和小猴又为孩子排解了孤单感，更显温馨。

3. 花哨的床品与色彩缤纷的相框互为搭配，将一个亮丽而活泼的空间展示出来，就像是对孩子生活的写照：鲜明、活泼而乐观。

4. 可爱的布偶无论何时都是小女孩的最爱，即便长大成人，心底里也会保留着对布偶的热爱之情，这里便是利用布偶的色彩来打破素色带来的单调感。

5. 富有层次感的天花板设计呼应着睡眠区的设计，让孩子更有被保护的感觉。同时，子母床的设计也将收纳隐于无形中，培养孩子的自理能力。

6. 色彩亮丽的条纹床品映衬着纯白的墙和家具，在花形灯饰的点缀下，书写活泼、精致，对培养孩子的乐观情绪大有好处。

7. 床头柜的颜色与床头墙保持一致，与深色实木的床具形成鲜明的对比，整体在色彩和材料上体现出清新自然的质感，让人感觉舒适、放松。

1. 碎花布艺扮靓了窗口和灯饰，与不同花纹的床品一起展现明媚清新的感觉，白色的家具与铁艺吊灯一起表现典雅的风情。

2. 设计师通过线条来塑造空间感，墙纸、踢脚线、窗台、床等都是用来表现的元素。碎花的布艺装饰则用来表达一个女孩的浪漫。

3. 碎花墙纸、粉色纱帘、可爱的兔娃娃、优雅的床头柜，这些组合在一起，让空间呈现出田园般的清新和童话般的浪漫。

4. 仿蒙古包设计的帐顶与白色纱幔飘逸灵动，加上粉色条纹的沙发与蓝色星星灯饰，让儿童空间既活泼，又带着几分纯净。

5、6. 以原木打造的整体式家具让这个房间成为真正意义上的木屋，天然的纯木色中点缀着孩子成长的相片，让孩子充分享受自己专属的空间。

儿童房装修之"宜"与"忌"

打造儿童房，多数家长都会选择一些有别于传统的白或者米黄的颜色来粉刷墙面。这种想法是正确的，颜色丰富的墙面既可以使儿童房显得活泼可爱，又能让孩子的生活空间有一种儿童般的意境。但是，许多家长在选择墙面颜色时，往往会有"男孩儿房间配蓝色，女孩儿房间配粉色"之类的定式，以为只有这两种色彩才能够体现出童趣。其实，颜色的选择，更多的是要按照孩子的性格量体裁衣，对于活泼好动的孩子，冷色调的墙面能够让他们时刻保持兴奋的神经稍稍冷却下来，有助于在其外向的性格中加入一些稳重的成分；而对于内向不爱说话的孩子，适度的暖色调则可以让他们更加积极、更加热情，更加乐于和大人或者别的小朋友沟通。

房间忌用大面积的纯红色、灰色、黑色，房间墙面忌用太花的壁纸或挂一些暴力装饰画。

儿童房的地面应避免使用大理石或瓷砖等坚硬和光滑的材料，应采用具有防火或环保功能的地板，最好是用软木地板。

儿童床以木板床或不太软的弹簧床为好，要确保床是稳固的，应挑选耐用、承受破坏力强的床。

在设计时，需处处用心，如在窗户上设护栏，家具尽量避免棱角的出现、采用圆弧收边等，一定要从细节上保证孩子的安全，避免意外伤害的发生。

还要注意窗帘的选择，如果是东边的窗户，可以选择丝柔百叶帘和垂直帘，它们能调和耀眼的光线，如果是南边、西边或北边的窗户，要根据阳光的强度选择不同的窗帘。

孩子的视力非常娇嫩，灯光亮度既要充足，又不能刺眼，房间内要有局部照明，以便于孩子看书，写作业，查找书籍，还可用造型丰富的灯具为房间添加乐趣。

多准备几个衣柜、置物篮或储物箱，可以将床下的空间做成抽屉，放置杂物，以扩大活动空间。

在儿童房墙壁上挂一块白板或软木塞板，让孩子有一个可以随意涂鸦的天地，这样既不会破坏整体空间，又能激发孩子的创造力。

细节设计培养孩子独立的性格

应在日常的生活中，培养孩子独立的品格，并通过一些细节，开发孩子的创造性。具体来说应该注意以下几点：

第一，"不要把小孩儿太当小孩儿看"，要尊重他们的个人生活，尊重他们的隐私。因此，在保证儿童房宽敞、开放的同时，也要将它打造成一个相对独立、封闭的空间，让他们懂得去打理自己的事情。特别是在书桌、抽屉等地方，可以给孩子配上一把钥匙，自己的东西自己去保管。

第二，现在的孩子多是独生子女，这对成长其实是不利的，因此，邀请小伙伴来家里玩或是小住一两日，能给孩子带来很多快乐。基于这种考虑，家长可以给孩子买一些能够同时供几个小朋友一起玩的玩具；而在家具方面，上下铺无疑是个理想的选择。

第三，许多孩子都喜欢在墙壁上画画，而画过之后"一片狼藉"的墙壁总会让家长头疼不已，并对此严加禁止。其实，在墙上乱画，很大程度上可以保持孩子的天赋和创造性，所以，不妨留出一面墙供孩子涂鸦，现在市场上也有很多品牌的墙漆具备了清水擦洗的特性。不过，事先也应该和孩子约定，自己的事情自己做，自己的"作品"自己擦。

最后，在饰品方面，最好能够用一些孩子自己 DIY（自己动手做）的东西当作房间的配饰。比如把孩子画的蜡笔画放在木框里钉在墙上，东西虽然粗糙，但毕竟童趣盎然，也是对孩子创造性的保护和鼓励。

消除居室内的安全隐患

大多数人都认为家是最安全的，但是，在这个小天地里，若是不小心，也容易发生危险。因此，提醒大家注意以下几方面：

1. 要防滑
地板砖本身就滑，要及时擦干水或油渍，为防止打滑可铺上几块小地毯。

2. 要防摔
因空间小，有的东西搁放在柜顶。取东西时，要格外小心，尤其不要凳子摞凳子，登高拿东西需大人保护或帮助。

3. 防磕碰
不要在床上、地上翻跟头，蹦跳。因空间有限，居室狭窄，很容易碰伤。

4. 防坠落
住楼房，特别是三层以上，不要从窗户、阳台往下探身，以防不慎掉下去。

5. 防扎伤
不要拿棍棒在屋内打逗，家里来人更要小心；使用刀、剪、锥子、改锥等工具时，要注意安全，不要随便乱放；掉地上的图钉要随手捡起，以免扎脚。

6. 防掩手
房门、柜门、窗户、抽屉等开关时，容易掩手。木质的掩一下都很疼，何况铁、钢制的，所以要处处当心。

7. 防烫伤
暖瓶、开水壶要放妥当，以免因打破、踢倒而烫伤。玻璃杯在寒冷季节倒入开水会炸裂，不小心就会烫伤，用之前，应先用温水涮一下。

7~12 岁儿童房布置方法

7~12岁的孩子已有自己的主张，这个时期他们喜欢把学校里的作品或和同学们交换来的东西，带回家来装饰房间，对房间的布置也有自己的看法。这时候孩子的房间不单是他们活动、学习的地方，也是跟小朋友们玩耍的地方，所以简单、平面的连续图案已无法满足他们的需求，特殊造型的立体家具则会受到他们的青睐。

1~3. 整套的粉色蕾丝床品将真个空间都点亮了，加上墙上悬挂的母女合照的相片，满满的爱意弥漫开来……

儿童房色彩选择不可忽视

儿童房装修中，色彩搭配可直接影响儿童视觉、智力等的发育。因此，儿童房色彩选择不可忽视，尤其是颜色还可促进右脑的开发。据相关统计数据显示，74%的城市少年儿童都拥有自己的房间。对生活品质的追求和对自己孩提时梦想的弥补，使得很多家长都愿意把大量的热情与财力投入到儿童居室的布置上，但是，如何布置儿童居室才最科学呢？

颜色促进右脑开发

人类大脑的左右半球分别担负着不同的功能：左脑侧重于处理抽象的逻辑、文字、数字等，而右脑则侧重于想象力、整体意识和色彩等方面。长期以来，很多老师和父母只是片面地注重孩子左脑的开发，却忽视了对右脑的训练，从而影响了孩子艺术天分的开发。

早教专家指出，右脑的开发对儿童智力的发展具有决定性意义，家长应该抓住0~3岁的黄金时期，利用各种机会，最大程度地促进孩子右脑的开发。在方法上，除了利用舞蹈训练、绘画训练、让孩子做简单的设计、多进行亲子沟通等方式之外，为孩子营造一个具有艺术氛围的居住环境也是一种重要的方式。"可以通过色彩绚烂、带有童趣图案的壁纸等刺激儿童的视觉神经，使儿童对形状复杂、色彩鲜艳、有视觉深度的图形感兴趣，从而促进他们的大脑发育"。

年龄不同选择有异

对不同年龄阶段的孩子，其房间的设计特点也应有所不同。0~3岁的婴幼儿，室内设计要点是柔和、安全。"房间里需要五彩缤纷的颜色，但不能太过刺激"。很多研究都表明，6岁以前是孩子创造力和性格发展的关键时期，如果早期孩子的生活空间过于呆板，总是一成不变，就会扼杀孩子的想象力和创造力。

至于3~6岁学龄前期的孩子，设计师建议可以引入更多的颜色和图案，但不需要太过张扬。另外，3~6岁的孩子喜欢自己玩耍，在家具、墙壁上涂画。"如果大人经常制止孩子的创作，很容易扼杀孩子的想象力和创造性。因此，我们在设计家具时，采用了特殊的油漆，以方便清洗"。

对于7~12岁的青少年，家居环境设计的关键在于书香气息和私密空间的建立。这个时期的孩子一方面要抓紧学习，一方面又会广交朋友，他们呼唤独立，渴望被了解，喜欢参与到自己的房间设计中。因此，对于这个年龄阶段的孩子的房间的设计，在不影响大原则的前提下，父母可以尽量征求孩子们的意见。

1. 弧形的飘窗与独特的顶棚设计让空间变得生动起来，加上印花壁纸与粉色床品的搭配，更添几分活泼气质，让小女孩的卧室更加丰富多彩。

2. 碎花床品与印花墙纸点缀的空间让人感觉温馨而甜美，加上孩子小时候的照片，让孩子清楚地看到自己成长的过程，更有意义。

3. 碎花、圆点、条纹、粉色、彩色，这些代表着少女情结的元素一起出现，为女孩儿的房间增色不少。

4. 将能表现女孩儿浪漫情结的色彩综合在一起，在纱帐、蕾丝、花型、小仙女等各种甜美元素的包围中，孩子一定能美梦甜甜。

5. 粉红与粉蓝色都可以演绎浪漫的甜美，在碎花、纱幔、水晶、裙边等元素的包围中将小女孩的愿望全部实现。

6、7. 在这个洋溢着甜美气息的空间里，粉色与米色共同演奏出一曲少女浪漫交响乐，在花朵和娃娃的点缀下，翩翩起舞。

打造儿童居住空间的基本原则

孩子的心灵是简单透明的，对他们来说，世界上的一切都是新奇的，他们在这里得到新的认识、新的感受，任何细微的事物都可能对孩子的未来产生影响。所以，要让孩子在一个丰富多彩的环境中健康地成长，重视他们的小空间的设计是非常重要的。

给孩子一个自由而灵动的空间，是儿童房设计的主旨。儿童房是孩子们最亲近的场所，它有着多样的功能性，是孩子们的卧室、起居室和游戏空间。在儿童房的设计上，要充分考虑孩子成长中的要求，增添有利于孩子观察、思考、游戏的成分，尽量通过色彩、采光、家具、饰物，借助装修的技巧，为孩子的健康成长创造条件。

最基本原则：

以人为本是设计的宗旨，体现在儿童房的设计上，就是要以小主人为中心。孩子成长的过程是迅速多变的，这就要求我们对不同年龄段的儿童有深入的了解，因为不同年龄段儿童的性格特点、爱好不尽相同，所以儿童房设计应该仔细地考虑儿童的年龄。用发展的眼光来设计，随着孩子的成长，儿童房也跟着"成长"。

选择利于儿童身心健康的居住环境应从大小环境因素方面进行考虑：

1、住宅周边的大环境

周围人群总体素质、环境空气水体质量、周边生活条件、道路交通状况等，常言道"一方水土养一方人"，选择常住地段时要考虑大环境是否有益于孩子身心的健康发展。

2、住房内部小环境

孩子的空间要有充分的光照，窗外的视野要开阔。

（1）日照、景色

孩子是嫩芽，需要阳光的滋润，阳光充足的住房更利于孩子的身心成长。住房要有尽可能多的阳面，孩子的房子要有较好的日照，至少采光要好，窗外视线也要开阔，要避开嘈杂的环境。

（2）房型布局合理透气

所谓布局合理主要是动静分区、洁污分区、公私分区合理，人居住的行为流线舒畅不迂回。儿童心理学统计数据表明，长期生活在过于独立封闭空间中的孩子智力及沟通交流能力较生活在开放活泼空间中的孩子弱。一般而言，儿童房不宜安排在带长过道的深端房子中，这种类型的房子私密性有余，沟通交流性不足，容易割裂家庭成员之间的交流。

通透的视野，更多贴近自然的设计，都能给生活在其中的孩子带来更多开放、自由的思想空间和创造力。

（3）空间丰富

丰富有层次或者错落有致的空间既能给孩子增添很多乐趣，又能启发孩子的智力成长。有研究表明，生活在居住空间层高高大、有上下楼梯及空间丰富的住房中的婴儿智力发展得更快。现在很多地产商

POINT　空间解析

1. 粉、白交融的空间里加入水晶吊灯，很有锦上添花的感觉。温馨浪漫的氛围让爱好小提琴的女孩儿拥有更好的心情。

2、3. 色彩搭配、材质选择、墙纸与灯饰的点缀，这些都是打造女孩房不可缺少的要素。色彩营造氛围，材质创造基本环境，墙纸和灯饰渲染气氛。

4. 裸色介于粉色与灰色之间，于是它表现出来的韵味也介于二者之间，将粉色的浪漫与灰色的优雅兼于一身，柔和又温馨。

都推出情景洋房理念，三四层的多层住宅在错落的层次中构筑丰富的廊院、花坛、露台、楼梯，行为空间和景观层次都很有情趣，很受住户欢迎。

（4）色彩

这是众多家长都熟悉的一种空间益智处理手法。儿童房的色调很重要，它对孩子的心态有重要的影响。儿童房的色彩要有一个主色调，墙面的颜色起了决定性的作用，宜采用米黄色等明亮些的中性色彩，定出一个较为清新、明亮的基调。米白色的基调能很好地反衬鲜艳的颜色。家具的颜色则可以较为丰富，总体上应该采用明度较高、色彩饱和、纯正的颜色。太深的色彩不宜大面积使用，面积过大的深色，会产生沉闷、压抑的感觉，这与孩子们活泼、乐观的性格是不相符的。

（5）安全

在条件允许的情况下应尽量为孩子开拓游戏区域。

安全性是儿童房设计、装饰、布置时需要重点考虑的问题。小孩子往往活泼好动、好奇心强，容易受伤害，需要更多的照顾和呵护，对于他们的生活环境，需要处处留心，让孩子健康安全地成长。比如，家具的安全性，楼梯、窗户栏杆、阳台栏杆、孩子够得到的危险地带的安全性等等。装修设计时要牢记"安全实用"第一，要提醒年轻父母们的是，事先要考虑周全，不要等孩子生活在其中了再处处对他说"这个危险，不要爬""那个易碎，不要动"，太多的控制与告诫会禁锢孩子自由天性的发挥，所以布置一个牢固、耐用、舒适的家吧，孩子需要随心所欲地施展他们的创造力。

5. 浅色实木的家具以简约朴实的姿态呈现，搭配简单图案的布艺，书写出一份清爽、自然，带给人放松的心理感受。

6. 除了色彩的搭配，灯饰也是点亮空间氛围不可或缺的元素之一，尤其是想要营造活泼、纯真氛围的女孩房，更要以凸显个性和活泼为主。

7. 手绘的果树在墙上结出红艳艳的果实，呼应另一面墙上的花朵壁灯，为孩子营造一个室内乐园，坐在秋千上，身后蝴蝶翩迁，花朵环绕，美哉妙哉。

10条实用小贴士装饰
百变儿童房

儿童房装饰是许多父母面临的难题，新一代80后的父母们往往都具有较强的现代感品位，他们爱风格化的装修风格，美丽别致的家居装饰，对于操作手法上更是希望简单易行。面对儿童房这一特殊空间，如何运用小技巧，不大费周章，营造适合孩子的空间？小编为您带来10条实用小贴士，教您应对渐渐"成长"的百变儿童房。

TIPS1：成人床品＋童趣装饰

小贴士阐述：将孩子的床品换成成人款式，如简约风格的羽绒被，其他配件如家具、玩具则保持原来的童趣装束，这样，儿童房不会显得过于儿童化，又不失童趣，适用于渐渐长大的女孩们。

TIPS2：选择渐渐"成长"的家具

小贴士阐述：选择合适的家具，与孩子一起成长，可选择风格上较为折中的款式，颜色上较内敛，造型不要太奇异，但要稍有创新的款式。而在功能上，应选择能收纳一定量的玩具及书籍的款式。这样的家具也许可以用一生而不是几年。

TIPS3：大人与小孩都喜爱的打印品

小贴士阐述：在房间中，可选择一些大人与孩子皆喜爱的打印品做为墙壁装饰。可采用大幅的世界地图，作为儿童房的背景墙，让孩子如同在地图中航行，对孩子的教育意义也非同凡响。

TIPS4：地毯的选择

小贴士阐述：地毯是儿童房装饰必备的温馨角色，为应对渐渐成长的孩子的需求，地毯一定要尽量避免选择较为稚气的图案，几何形较为适宜；在颜色的选择上，一定要选用明快的颜色，使地毯风格在孩子与成人之间找到平衡点。

TIPS5：毛绒玩具的植入

小贴士阐述：毛绒玩具最显童趣，它的伟大功效便在于：一定量的布置进空间，可把一个普通的房间变成儿童房；反之，当孩子

1、2. 粉色是女孩房首选的色彩，加上碎花的窗帘、床品及创意台灯等都能给空间增加浪漫的气息。

3. 嵌入式的床头墙设计节省了空间，同时也充分展现了灯光效果。天花故意不做过多的装饰，彰显出床头墙的焦点视觉。

4. 土黄色的纱帐为飘窗蒙上一层飘逸的面纱，为素雅清爽的卧室添上轻柔浪漫的一笔。

5. 绒绒的地毯与深色木地板相结合，将空间的柔美、纯净、自然表现得淋漓尽致，让人感觉舒适又温馨。

渐渐长大，毛绒玩具可以随时收起，空间也会渐现成熟风格。

TIPS6：大型嵌入式橱柜
小贴士阐述：在房间的一角，做一个大型嵌入式橱柜，整洁地归类孩子的玩具、书籍，也可做展示之用，装点风格化的儿童房。

TIPS7：清新床品单人床
小贴士阐述：给孩子房间配备一张宽敞的单人床，床品一定要用清新自然的，女孩儿的房间，可选择较别致的床。这样，孩子的房间在必要时可变成一间客人房。

TIPS8：采用精致的自然图案壁纸
小贴士阐述：采用精致的自然图案壁纸，可表现出唯美的墙壁风格，这样的壁纸，适用于各个年龄。

TIPS9：采用童趣墙贴
小贴士阐述：若是家具、配件都较为普通、成熟，则可利用墙贴渲染童趣，如长颈鹿图，可瞬间让空间回归童话世界，而在孩子渐渐成长的过程中，你也可以将其换成其他图形。

TIPS10：将游戏室延展到其他房间
小贴士阐述：将游戏室延续到其他空间，不仅宽敞，还可利用其他房间的收纳空间，但玩具、收纳品都应选择可携带的款式。如滚轴收纳箱、收纳篮等，这样，孩子可以享受到处玩耍的快乐，家长也容易整理。

6~8. 五彩缤纷的圆圈图案与碎花布艺将空间装点成一幅清新浪漫的风景画，帮女孩儿圆了心中的梦想，让她更多地沉醉在自己的小窝里。

空间解析

1~3. 简单的飘窗设计为室内提供了充足的光照，辉映着室内白色的家具与淡粉色的床品，流露出温柔甜美的气息。加上深色地板的强烈对比，让一切都显得鲜明而清新。

4. 粉红条纹与碎花布艺让空间瞬间鲜活起来，如同少女心事一样，明媚中带着点羞涩，浪漫中带着点不安，将多变的精彩呈现在人们面前。

5. 欧式典雅的家具与粉色床品的搭配为女孩营造出一个公主殿堂，床头背景墙上的立体钩花与镜面搭配让空间更显华贵。

6. 睡眠区与学习区以垭口区分开来，在整体空间中形成两个相对独立的区域，并以相近而有异的装饰点缀，让不同区域的功能尽情地发挥出来。

7. 桃红色与玫红的组合将小女孩的纯真与熟女的艳丽融和在一起，充分展现出女性的魅力与气质，在其中加入圆点、条纹、蝴蝶等元素，更添几分活泼、可爱。

8、9. 狭长型的空间以分段式的设计来打破深邃感，衣柜、书桌、床和飘窗这样四个段落将整体空间一一分区，并以粉、白两种单色与花朵元素来打造，让空间流露出温柔、大气。

10. 儿童房收纳一直都是设计师最棘手的难题。图中设计师充分利用了墙面，真正做到了装饰与实用两不误。

儿童房照明设计要点

儿童房的灯光环境，与主卧房所强调的"温馨"感不同，应充分考虑到孩子的个性特点和成长需要。

儿童房一般兼有学习、游戏、休息、储物的功能，是真正的儿童天地。因此，其室内的整体照明亮度应该比成人房高，同时光线要柔和，让房间产生温暖、祥和的氛围。除此之外，房间内还需要有相应的局部照明，以便于孩子看书写作业、查找书籍、寻找储藏物，同时，造型丰富的灯具还可为房间增添童趣。

学习用灯应护眼

特点：护眼、安全、环保

对于正值学龄期的孩子来说，学习是这一阶段的首要任务，因此，为孩子挑选一盏适宜的写字台灯必不可少。儿童的世界总是点染着梦幻般的色彩，父母在为孩子挑选灯具时，也常常会选择造型可爱、色彩艳丽的灯饰，但有时灯具外观的靓丽并不能保证孩子的视力健康。儿童正处于生长发育期，灯具的选择不仅要考虑其安全性及材质是否环保、造型是否符合儿童的心理特点，对于用作学习照明的灯具来说，更重要的是在光源上是否符合儿童的实际需要。普通光源由于其不稳定性，闪烁的光线极易造成孩子的视力下降。因此，选择明亮且高显色性的灯具尤为重要。

装饰用灯要充满童趣

特点：多变的造型、鲜艳的色彩

儿童房一般都以整体照明和局部照明相结合来配置灯具，整体照明须用吊灯、吸顶灯为空间营造明朗、梦幻的光效；而局部照明则以壁灯、台灯、射灯等来满足不同的照明需要。所选的灯具应在造型、色彩上给孩子一种轻松、充满意趣的感觉，以拓展孩子的想象力，激发孩子的学习兴趣。因此，父母不妨与孩子一起挑选儿童房的灯具，让孩子享受自主挑灯的乐趣。

拥有一艘星级豪华邮轮、一辆山地越野自行车、一架翱翔蓝天的飞机，曾是许多人童年的梦想。如今，这些造型已被应用于吊灯系列，均由磨砂玻璃制成，在儿童房里挂一盏这样的吊灯，定能让孩子展开想象的翅膀，学习也会变得更有趣味。如果您想提醒孩子记住时间，那就选择娃娃型的钟表壁灯吧。还有如星星、月亮造型的吊灯、吸顶灯、壁灯，不同的材质透出不同的光影效果，水晶月亮灯璀璨夺目，而磨砂玻璃灯则流淌出月色如水的温情。

照明建议

壁灯导线须入墙

儿童的天性活泼、好动，又对事物充满强烈的好奇心，但他们却缺乏必要的自我保护意识。因此，儿童房里若安装有壁灯，就得注意不要让电源线外露，以免不懂事的孩子拿电线当玩具，造成触电的危险。

插座应有封盖

针对小孩天生爱到处攀爬的天性，您必须注意儿童房里的电源插座是否安全。一般的电源插座是没有封盖的，因此，为了孩子的安全着想，要选择带有保险盖的插座，或拔下插头电源孔就能够自动闭合。

灯泡应有保护罩

父母在为孩子选择灯具时，必须注意，如果孩子还很小，就不要挑那些容易让孩子触摸到灯泡的灯具，以避免发热的灯泡烫到小孩。最好是选择封闭式灯罩的灯具，或为灯泡加一层保护罩。另外，也应避免在儿童房里摆放地灯，以减少孩子触电的危险。

安装多个插座

儿童房是小孩在家里最自我的一个空间，无论是学习、游戏，还是邀同学、朋友来玩，大都得在这个自由的小天地里进行。因而，房间里的灯光布置要比大人房的多，还有电脑、音响、DVD等电器设备，这就需要在装修时多安装些插座，以避免插座不够而导致在单个电源点上超负荷连接电器设备。一般来说，考虑到孩子学习、娱乐、活动及储物的需要，房间里最少要预留6个电源插座，其中有两个需安装在写字台的上方，其他可配置在墙角。

POINT 空间解析

1、2. 弧形窗与单人床结合在一起打造出一系列的整体家具，在凸显空间整体感的同时，紫色与粉红联合打造出一个属于女孩儿的优雅天地。

3~5. 红色的花瓣将并列排放的两张床装点得灿烂而活泼，中间做了一个简易的盥洗池，墙上以孩子的相片作装饰，将温馨、便利、浪漫带给孩子。

两张一样的单人床并排摆放在房间里，多少活跃了空间表情，浅紫色与白色的搭配及心形元素的运用，更是在优雅中增添了活泼的气氛。

POINT 空间解析

1. 白色碎花床品与粉色小花图案的窗帘搭配着乳白色的家具，在深色实木衣柜的映衬下，将浅粉的娇俏、梦幻尽情挥洒。

2. 在以白色为主的空间里，明亮的色彩以点元素分散呈现，让空间显得既缤纷，又充满童趣的可爱和活泼。

3. 家中有姐妹的可采用双床的设计来促进姐妹间的感情及交流，清爽的颜色搭配与环保的空间设施让人倍感放松。

4. 拥有独立阳台的房间让人感觉阳光和空气格外充足，而米白色的家具与花朵图案的布艺、白色的纱帐相结合，更显出空间的优雅和温馨。

5. 女孩儿们都是毛绒玩具控，即便空间设计得素净优雅，但那些堆在房间里的娃娃却会出卖了女孩儿的心思，将可爱与纯真表露无遗。

6、7. 可爱的卡通动物也是女孩喜欢的萌物，用鲜亮的颜色勾画出可爱的卡通萌物，也是打造女孩家园的重要手法。以海洋漫游主题图案装饰的衣柜让蓝色成为空间的主调，配合漫画形式的图案与画面，将纯真无忧的氛围融入生活。

素雅的条纹墙纸搭配纯白的家具，在细节处以插花、蕾丝、卡通娃娃点缀，自然流露小女孩的纯真。

如果儿童房面积太小，就无法给孩子留出足够的活动空间，而面积太大，则容易使孩子入睡时产生空旷感和不安全感。一般来说，原始户型预留的儿童房面积大多在10平方米左右，在这样的空间中，要基本满足睡眠、娱乐、学习和收纳这四大使用功能，在此基础上，如果还有剩余空间，则可以考虑其他功能，如展示和收藏等。如果整个户型设计中有更衣室或书房，则可去掉空间的学习和收纳功能，利用这部分空间满足其他次要功能。孩子的年龄不同，空间的功能分割侧重也会有所不同。如果孩子年纪较小，整体空间的设计就要侧重收纳功能，因为这时候儿童的玩具往往较多，需要利用一定的空间进行收纳。如果孩子已经到了学龄期，空间功能就要侧重学习功能，因为这时候孩子的重心已经转移到学习上，在设计时要尽量考虑到书桌、书柜和电脑等的摆放空间。如果孩子有兴趣爱好，在分割空间时，不妨也将其考虑进去。此外，还可以做一面透明的玻璃柜，用于展示孩子的收藏。

对部分小两居的户型来说，预留的儿童房空间较小，在这种情况下，可以设计一些巧妙的家具，来节约空间，如用楼梯上下的架子床，上面是床下面是柜子或者书桌，这样就可以将睡眠空间和学习空间融合在一个空间范围内。

浪漫、娇俏的粉红色作为空间的主要配色，有点亮空间氛围的作用，在这个以米色为主、灰色为辅的空间里，明亮的粉色就显得尤其活跃。

POINT 空间解析

1~3. 粉色温馨甜美，蓝色清新浪漫，加入碎花或花藤图案，便是花的海洋，这样一个用布艺点缀的空间，足以打动任何一个女孩儿的心。

4. 小碎花的床品衬着深色实木家具，在鲜明的对比中凸显出柔美、温馨的气质，毫无累赘拖沓之感，让人倍感清爽。

5. 清新素雅的色彩搭配让女孩房回归纯真无邪，带给孩子最放松的状态，以此来纾解疲累。

6. 床头墙结合窗台做出一个置物柜，与一旁的搁架相呼应，让女孩子的空间除了浪漫与甜美，更有几分时尚、个性。

7. 双层内嵌式的床垫设计让孩子的水电空间更有余裕，床头墙上的个性搁架呼应着独特的吊顶设计，将个性化设计进行到底。

POINT 空间解析

1. 整面墙的书柜设计与床头墙上的三面镜子让空间呈现出大气明朗的感觉，融合粉色的布艺，不失女儿家的甜美、温馨。

2. 富有朦胧气息的窗帘图案和圆形的吊灯为小小的睡眠空间平添了几分艺术感，让小空间展现出大智慧。

3. 床上用品与窗帘采用同系列的布艺，配合着印花墙纸与粉色家具，流露出温馨与柔美，让人觉得放松而舒适。

4、5. 白色是最具想象力的颜色，在这里，白色的搁板与镜面相结合，让空间充满纯净、时尚的感觉，再以粉色与碎花布艺装点，平添几分柔美、浪漫。

6. 白色与浅粉交融的房间带给人牛奶般的温润感与舒适感，如同女孩儿最纯真的心灵，甜美、柔和，让人不自觉地想要亲近。

7. 竖纹的墙纸、柜子及门的线条分明，让原来层高受限的空间倍显开阔。

8、9. 半圆形帐篷、碎花布艺、裙边装饰、粉色帐幔、米色家具，打造出一个宫廷式的公主房，将万千宠爱用设计语言表达出来。

儿童家具选购不能光看材料

在国外，儿童是天使的化身，在国内，儿童是祖国的花朵和希望。家，是儿童成长中最重要的场所。儿童家具，则是伴随他们成长的"伙伴"。业内专家认为，挑选儿童家具，安全应该摆在首位，否则，后悔莫及。

实木家具也非完全没有甲醛

环保是安全的首要问题。在最讲环保的北欧，实木家具一直是儿童家具的首选材料。

不过，纯实木儿童家具并不多，大多都是用实木和人造板相结合的工艺制造出来的，主体框架用实木，侧板、隔板等使用薄木贴面的刨花板或中密度纤维板。这种工艺可避免因大面积使用实木而引发开裂、翘曲，同时，还保持了原木的美丽纹理。

很多消费者都认为实木比板材环保，其实这是一个误区，关键还是要看厂家的工艺。以天然木料施以榫卯结构的家具绝对环保，但大多家具都是齿接起来的，用胶水粘合，表面刷漆，这些步骤都容易产生甲醛。

物理安全也很重要

环保是指儿童家具的化学成分，而是否安全还要看其物理安全性，比如，家具材料的强度是否符合标准，家具的棱角是否经过妥善处理，其他设计是否存在对儿童的潜在危胁。由于孩子天生好动，因此家具必须要安全稳固，必要时可将其固定住，避免孩子将家具掀倒而受到伤害。

另外，儿童家具在尺度和操作方便性方面，要得到细致的考虑。比如，有上下层的楼梯，其梯级高度、倾斜尺度和梯面宽度都很有讲究。同时儿童家具还要兼顾稳固、环保、易清洗等要求。

1. 天花吊顶与墙面采用不同图案的花卉壁纸来装饰，丰富空间表情的同时也让空间层次更加分明，加之空间开阔，更显温馨、大方。

2. 碎花图案在不同底色的布艺制品上灿烂呈现，与实木材质一起谱写清爽、自然的田园风情，为女孩带去舒适的生活享受。

3. 枚红色的墙面刻画着抽象的白花，为空间添上艳丽而个性的一笔，而铺地式的睡床则放大了空间感，让空间更显开阔、大气。

4. 金属床架书写出典雅、个性，搭配红色的条纹床品，为小女孩营造了一个简单却舒适的睡眠空间，加上可爱的小兔和熊猫的陪伴，即便一个人睡，也不会觉得寂寞。

5. 几何形状的个性搁架为床头墙添上了时尚的一笔，同时也将人的注意力从倾斜的屋顶拉到墙面设置上，让人充分沉浸在个性设计中。

6. 床头墙是卧室设计的重头戏，黑色的背景墙以浓烈的色彩与简约的装饰为空间带来压倒性的威慑力，再通过床靠背、床品、帐幔等元素的点缀，书写优雅、华贵。

7. 中性色彩的运用让空间显得成熟、干练起来，与浅色实木家具一起，将简约、时尚、温馨带入空间。

儿童房装修要诀之色彩篇

鲜艳的色彩是儿童房最大的特色，但实际上，并不是什么样的颜色都可以运用到儿童房的设计当中，也不是颜色越多越好。

要尽量选择一些纯度和亮度相对比较高的颜色，如橙、粉红、海蓝、香草绿和藕荷色等，这些鲜艳的色彩能刺激视觉的发育，训练儿童对于色彩的敏锐度，对3岁以下的孩子尤其有用。此外，这些亮色还会给人一种乐观、积极向上的感觉，对于儿童性格的培养有一定影响，而黑色、褐色和灰色等让人感觉压抑和沉闷的颜色则要尽量避免使用。

除了颜色本身，颜色的使用方式也要格外注意。有些人喜欢把墙面刷成各种鲜亮的颜色，家具也做成五颜六色的，再加上五花八门的玩具、床罩、窗帘等饰品，最终，色彩太多太杂，不但没有为儿童房增添美感，还容易让孩子视觉疲劳，不利于儿童的健康成长。

其实，只要搭配得当，颜色的多少并不会影响装饰效果，最重要的是房间的色彩要有一个主色调，这样就算使用了多种颜色，也不会给人很乱的感觉。例如，墙面可以刷粉红、浅红，柜子、书桌等家具可以是白色的，地板再换成另外一种颜色，柜子上可以有几个浅红色的抽屉，窗帘上可以有粉红色的小碎花，通过这些，整体感觉就出来了，同时，也不会让人感觉很花哨。

1~4. 在碎花墙纸包围的空间里，床品亦是花团锦簇的图案，还有米色的欧式家具，营造出典雅精致的生活空间。让女孩子生活在一片花海中，即便没有花香，也有常开不败的花朵环绕，如此环境，既典雅，又充满温馨的香气。

5. 女孩房的角落也可以好好利用起来，图中角落处加了沙发与多功能滑动桌，成了空间的休息与阅读区。

6. 收纳柜与展示柜相连，提升了空间视觉上的进深；加上稍显成熟的软装布置让空间多了份大女孩的气息。

7~9. 米白色的家具平衡了粉色与花朵的张扬，让空间显得更干净明快。连墙的柜体呼应着吊顶的层次，以建筑线条刻画出精致的花纹，在花舞飞扬中为孩子营造一份宁静。

10. 灰、蓝色的格子在以米色为主的空间里显出成熟稳重的气质，然后以红、蓝色块调和，让柔和的女性气质得以释放。

7

8

6

9

10

科学设计儿童房（一）

健康，是儿童房设计的基本着眼点。随着生活水平的提高，人们将越来越注重购买、使用符合人体工程学和卫生条件的儿童用品。

1. 写字台和椅子的高度应可调。目前，我国只有少部分的家庭给儿童购置了可调节式写字台与椅子，大部分的家庭中儿童仍使用着成年人的写字台、椅子，或拿家里的餐台、茶几、椅子等作写字台，这对儿童的生长发育极为不利，是儿童脊椎弯曲、"含胸"、近视等症状发生的主要原因。

2. 灯具明暗、角度应可调。正确地选用灯具及光源对儿童的视力健康十分重要，如接近自然光的白炽灯、黄色日光灯要比银色日光灯好，可调节光亮度的灯比不可调节光亮度的灯好，可调节高低、角度的灯比不可调节的灯好。

3. 选用硬质的床垫。应注意将儿童床垫设计成较硬的结构，或者干脆使用硬板加棉被，因为在儿童的发育过程中，过早地使用太软的弹簧床垫，会造成儿童脊椎变形；同时，建议不要选用 50 毫米至 100 毫米厚的海绵垫，以免因儿童汗水、尿水累积在海绵垫内无法挥发，而导致儿童生痱子、毒疮；在空气潮湿的地区，长期使用海绵垫还可能引发风湿性关节炎、风湿性心脏病。另外，床单、被褥也要选择天然材料的。

4. 装修宜简不宜繁。儿童居室装修力求简洁、明快，活动空间越大越好。为提高室内的空气对流，要在室内适当增加一些绿色植物。

5. 务必选择无毒油漆。注意选用无粉尘、无毒的内墙涂料和家具油漆，尽量消除或减少家具生产及装修中的油漆、人造板释放的有害气味的含量。

1、2. 孩子成长过程中的照片既是一种纪念，又是最天然、最有意义的空间装饰，既能让孩子感受到浓浓的父母爱，又能让他们见证自己的成长过程，更具促进意义。

3. 香槟色的家具搭配浅橘色的床品，端庄中流露出少女的温情和贵族的优雅，将少女的情怀和成熟女性的魅力融合在一起。

4. 满墙的花纹墙纸增大了空间的视觉宽度，同时又有效地缓解了空间过小带来的压迫感。

5. 白色调的空间为孩子带来宽敞明亮的生活体验，床品则选择了亮丽的圆形图案，打破空间单调感的同时也丰富了孩子的视野。

6. 画面丰富的花卉壁纸犹如室内的草坪，开满各种各样的花束，丰满了空间，也为孩子创造出一个富有想象力的国度。

7. 简洁明快的线条勾勒出时尚的空间结构，将男孩子的"硬"融入到女孩房的设计中，培养女孩果断、勇敢的性格。

床头背景墙以白色材料做出一个画框，以花卉壁纸为背景，衬出睡床的结构，与吊顶一起加强了空间平面的层次感，强调出尊崇的意味。

科学设计
儿童房（二）

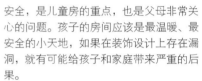

安全，是儿童房的重点，也是父母非常关心的问题。孩子的房间应该是最温暖、最安全的小天地，如果在装饰设计上存在漏洞，就有可能给孩子和家庭带来严重的后果。

1.家具、饰品、玩具部件都不宜过小。为了避免孩子因误吞误食而发生意外，家具、饰品、玩具中装饰部件的尺寸不宜设计得过小或容易脱落。尽管4岁以后的孩子已经有一定的安全意识，但有的孩子出于好奇或习惯，还是喜欢把一些细小的物品咬在嘴里，这种情况不可能完全避免，由此而发生的意外事故也并不少见，父母应该多加注意。

2.折叠家具存在隐患。尽量避免使用较沉重的折叠家具，可在折叠桌、椅或运动器械上设置保护设置，避免搬运、碰撞时出现夹伤甚至死亡事故。

3.电源开关及插座等要有相应的保护措施。尽量把电源插座固定在孩子够不到的地方，最好选用那种防触电安全插座，避免孩子把手指或其他导电体插入电源中。

4.儿童床最好有护栏，以免孩子从床上跌落，高架床更需要特别注意，可以在床的四周铺上地毯、塑胶垫或其他软性防护材料。

5.家具及装修时要注意避免出现带棱带角的部件或结构，以防止孩子在玩耍时撞伤、碰伤。

POINT 空间解析

1. 蓝与白的搭配总能勾起人们对海的记忆，设计师充分利用人的亲水性与女孩子爱花的心理，将水与花同时运用到空间设计中，为孩子打造了一个真正的私密空间。

2. 孩子的教育是家中的大事，将孩子的书房与卧室结合在一起，既是节省空间的做法，又能增添空间的温馨感。

3. 处于学龄期的孩子，家长更关注他们的教育问题，因此，在卧室中提升学习区的空间比例很重要，简约而清爽的书柜与书桌便是孩子成长过程中最好的伙伴。

4. 宝塔式的帐幔带着浓厚的东南亚风味席卷整个空间，精致、优雅，让孩子体验公主式的尊崇与浪漫。

5、6. 灰色的床品与简约的家具搭配，将清新、明朗的气息带入空间，双床并列摆放的布局更加强了姐妹间的交流。

7. 典雅的雕花家具与粉色带钻的床品让空间的品位更上一个层次，加上大飘窗提供的光亮，更显柔美、优雅。

科学设计儿童房（三）

益智，是儿童居室设计新的着眼点。它是体现居室设计水平、艺术含量、附加值的重要标志，也是促进孩子身心健康发展的重要途径。

1.在儿童家具设计上，应增添有利于孩子观察、思考、游戏的成分。例如，把睡床、滑梯、写字台、衣柜、书柜设计成组合家具，鼓励孩子按个人喜好自行设计和组合，让孩子的房间不断发生新的变化，也便于随着孩子年龄的增长，调整家具的组合功能和摆放方式。

2.在儿童房挂图方面，可以选择趣味地图、拼音、外语等知识挂图和名人画像、诗画作品、卡通画等等，既能使房间气氛不再单调，又能对孩子的成长起到潜移默化的影响。

3.在居室装饰品方面，要注意选择一些富有创意和教育意义的多功能产品。同时，也可以帮助和鼓励孩子自己动手制作一些手工艺品，让他们通过自己的创作和劳动，把自己的居室布置得充满童真、童趣，可谓一举两得。

POINT
空间解析

1、2. 白纱充满浪漫主义幻想，是女孩的钟爱之物，在床顶悬吊的圆形白纱，既是夏天避蚊虫的工具，又是最飘逸的室内装饰，可以满足女孩对童话的想象。

空间解析

3. 白色的组合家具带给人强烈的整体感，纯白的墙面以花型壁灯装饰，呼应着头顶上的个性吊灯，将女孩的个性表露无遗。

4. 深色的地板与白色的天花综合了空间的视觉高度，让空间的焦点聚于床头墙，以展示设计师精心为女孩房定制的特殊墙面。

5. 棕色的床品与黑色镜面玻璃相互映衬，将鲜明而独特的个性展示出来，对培养女孩子成熟的个性很有帮助。

6. 棕色与银色都是代表成熟与优雅的颜色，结合金属帘与镜面，将男孩子的冷硬与女孩子的柔美完美地结合起来。

7、8. 以烫花墙纸装点的吊顶从天花延伸下来，为床架打造出一面完整的背景墙，增添了空间的灵动感，让人震撼。

9. 不规则的建筑结构给空间设计提供了更多的可能性，碎花墙纸包覆的墙面与多面窗的设计让空间流露出欧式古典风味，散发出浓厚的田园气息。

12 岁以上的女孩房装饰要点

12 岁以上的女孩子已经有了自己独特的思维方式，因此，要结合具体的性格特点来做特殊设计，不能一概而论。总体可以从以下三个方面去考虑：

1. 在色彩上可以选择女孩喜欢的粉色系，能体现出女孩们温婉的性格特点。

2. 总体设计上要彰显出空间的温馨感。

3. 在空间设计温馨的前提下，可以适当加上一些可爱的元素，比如卡通画、小饰品、芭比娃娃等。

1. 空间以深浅不一的紫色装扮：紫色的床头墙，紫红色的印花床品，紫色轻纱帘子，深紫、墨绿和深红的抱枕，虽然不是五彩斑斓，却也足够丰富多彩，将一个充满花语气质的空间带给家中的女孩儿。

2. 红色大花图案的布艺既装点了墙面，又是遮阳和隔断的窗帘，让整个空间热闹而喜庆，结合白色床品带来的素雅宁静，平衡而协调。

3. 亮丽的色彩让整个空间都跟着亮了起来，红黄格子的床品呼应着碎花点缀的纱帘，平衡了空间色彩，更流露出几分高贵与典雅。

适合女孩的卧室设计

女孩也想要拥有不受打扰的游戏区域，不需要太大的空间，在家里腾出小小一隅，就足以装下她的快乐。

设计重点：粉色和大红色能提升空间亮度，让角落也变得醒目。游戏区内家具不必多，矮柜和立柜用来置物就已足够，拉开抽屉或柜门找东西会让她精神头十足。别忘了在靠窗的地方放一张小桌子，她也许会兴致大发，做个小手工，或者画一幅蜡笔画。

设计重点：白色美式乡村风格的梳妆台可搭配粉紫色碎花饰荷叶边梳妆凳，华贵而唯美。美饰重要，收纳也很重要，多放几个置物篮，可让梳妆台更井井有条。梳妆凳的凳套可以自己定做，剩下的零布则用于装饰置物篮等一些小摆设，以提升整体和谐度。

设计重点：要提升床的甜蜜度和梦幻感，软饰是关键。儿童房虽不必吝啬颜色的使用，但还是要注意和谐度。碎花和圆点图案的床品和地毯可以是粉色系的，热闹却不显杂乱。

女孩儿的房间除了讲究细节，整体空间设计也很重要，大而通透的房间会让她更乐意享受独处的时光。

设计重点：除了日常进出的房门之外，在儿童卧房与洗手间之间可设计地中海风格的拱门，让卧室成为一个半开放的空间，于无形之中延展空间的面积。

空间解析

1. 木格装饰的床头墙与白色床品让空间显得鲜明而清爽，配着大幅玻璃窗前的纱帐和清新的壁纸，柔美、婉约隐隐可见。

2. 整个空间以流动的线条晕染恬静、柔和的氛围，从天花板上延伸到墙面，从墙面延伸到窗口，再加上柔美的床品和素雅的家具搭配，让人感觉无比的温柔和轻松。

3. 纯结、素雅的设计也是女孩房设计的一大特点。图中卧室的墙面没有做任何的装饰，达到了让空间回归纯净的设计目的。

4. 图中的女孩房设计，设计师采用了相对成熟的软装来搭配，软包背景墙提升了空间的品质。

5、6. 碎花点缀的空间以白色做底，木地板铺地，做旧漆处理的家具陈设，营造出一片花香灿漫的景象，将田园的清新自然与女孩的天真浪漫结合在一起，让人感觉舒服、温馨。

儿童房家具如何摆放

儿童家具摆放忌过多。儿童房从整体布局上应把握家具少而精的原则，以给孩子留出更多的活动场所。房间的家具最好靠墙摆放，留出足够的行走与活动空间；最好选择边缘圆润、无尖利棱角的儿童家具；摆放家具应注意安全性，防止儿童搬、蹬家具时发生倒塌、散裂等现象，尽量不要选用玻璃等易碎家具。孩子的学习用具和玩具最好摆放在开放的架子上，便于孩子随时取用。

选购儿童家具时，应按照儿童的年龄和体态特征配备。处于生长期的儿童发育比较快，加上儿童睡眠时易动、好翻身，所以选择的儿童床具不宜过小、过软或过硬。写字台是儿童学习的地方，所以最好选用高度可调节的椅子，以免儿童因使用高矮不合适的桌椅而导致驼背或近视，进而影响其生长发育。衣柜的设计要注意多功能性及合理性。如下部设计成书柜、书桌或玩具柜，上部应设计成装饰空间或贮存空间。这样既节约空间，又有利于培养儿童的清洁习惯和条理性。

儿童房间整体应选择明朗艳丽的色调，丰富的色彩不仅可使儿童保持活泼积极的心态和愉快的心情，激发儿童的想象力，还可改变室内亮度，营造欢快、亲切的室内环境，使孩子产生安全感和归属感，再根据孩子的兴趣与爱好，布置一些小玩具和小饰物，一个温馨可爱的儿童小天地就自然形成了。

10种精致女孩房设计

孩子们已渐渐长大，该为他们布置一个有利于成长的儿童房了。他们会在房中度过叛逆的少年期，美好的青春期，因此，女孩房的布置尤为重要。以下10种绝对精致的女孩房，教你打造心仪的公主窝。

1. 绿意宫廷

圆拱型墙架、花型铁艺床架、弥漫花边的床品、白色布艺台灯，可营造出宫廷风格的室内装饰，背景墙可采用绿色基调，床的背景墙的圆拱顶端可设有和窗帘一样的褶皱帘，床两端可设两个展示架，摆放上装饰品、书籍等。

2. 粉色黑白纹

粉色配合黑白纹，甜美中透着向往自由的不羁感，黑白纹不局限于床品，橱柜也可与之呼应。搁板可在女孩房中得到充分利用，除了床侧一高一矮、一长一短的搁板，门框上也可设置搁板，巧妙地向墙壁借了必要的空间。

3. 梦幻紫色房

充满梦幻的紫色女孩房，墙纸是第一步，采用印花紫色墙纸，给房间带上最强渲染力；其次便是紫色窗幔，在立体中做出呼应，营造出彻头彻尾的紫色梦幻女孩房。

4. 斑点软装

许多女孩儿都热爱动画片中的斑点狗形象。对此，软装可采用黑白斑点图形，可爱中带着回忆，女孩儿一定爱不释手。

5. 可爱DIY

可爱的公主房中会有很多有妈妈DIY的作品，如床架上缠绕着的白布条，上面绑着的一个个可爱的娃娃，又如立体感十足的花艺圆形地毯，给孩子的房间注入爱的力量。

6. 蓝色田园

谁说女孩子一定要用粉色？清爽的蓝色也很是招人喜欢。当然，打造时要运用巧妙的手法，蓝色配合圆点图案、

都说女孩子不管到多少岁，都有一颗童真、浪漫的心，因此，即便是青春期的女孩，依然摆脱不了卡通、粉色、娃娃的诱惑，生活在这样一个活泼可爱的环境中，心也能永葆活力。

青春期的女孩子总是向往优雅而成熟的气质，因此，希望居住的空间也能表现出优雅、时尚感。这里纯白的墙面以漫画形式勾画出都市女性的生活场景，搭配着红色系的床品，时尚韵味十足。

蓝色花纹、蓝色爱心，总之，蓝色中掺入女孩儿的专属图案，也能很迷人。

7. 毛绒玩具世界

女孩儿们都是毛绒玩具控，通过创意巧思，在床上方设立转角搁板，将大大小小的娃娃统统放上，收纳娃娃的同时，也做了可爱的展示。

8. 巧用色打造别致背景墙

背景墙是房间的亮点，可将独特的乡村路图案画在墙角，制造出立体感，用绿色代表草地，蓝色代表蓝天、河流，会让人仿佛置身于童话世界中。窗台可放上软靠垫，做成座椅，人可倚窗而坐。

9. 不规则格局巧布置

利用不规则房型，在较窄小的地方安放上床，宽敞部分则放入衣柜、沙发、书桌等，便能打造一款完美的女孩儿房，适合各个年龄段的女孩儿。

10. 田园花艺

粉色调为主题的女孩房，床罩可用肉粉色，地板上可严严实实地铺上粉色格纹毯，背景墙可选用花艺墙纸，与窗幔的图案一致，总体表现为古典式风格。房间一侧可布置为女孩儿的学习角，有高高的书架和宽敞的桌面，为孩子创造舒适的学习环境。

POINT　　　　空间解析

1. 黑色镶钻软包的床靠背以银色卷边修饰，将欧式风格的典雅与华贵展现出来，如此一来，即便是黑色，也能勾勒出女性独有的气质。

2、3. 床头墙以一长排搁架装点，作为女孩儿存放小物品的主要场所，也是展现私人"宝贝"的陈列柜，孩子的兴趣爱好从此处可见一斑。

4. 紫色是一种优雅而富有气质的颜色，最能表现女性的独特魅力，这里将其作为主打色彩来使用，以深浅不同的渐变来表达不同的感觉，极富韵味。

5、6. 米色与白色的结合稳重而优雅，将女性独有的温柔、优雅表现得淋漓尽致，加上简约时尚的壁纸与家具，更显气质。

1. 灰色的软包搭配深灰的床靠背，表现出女性独有的气质，让女孩子在优雅、大气的环境中成长。

POINT　　　空间解析

2. 亮色金属与镜面的运用将优雅时尚更进一步地表现出来，结合简约设计的家具、装饰，在简单干练中流露女性独有的优雅和柔情。

3. 以米色为主调的空间显得纯净、自然，对于培养女孩娴静温柔的性格很有好处，在这样的环境中生活，性情也会受到一定的影响。

4. 香槟色与白色的搭配将成熟的气息带入空间，床头墙上点缀的花卉壁画为空间增添了几分柔美，中和了香槟色带来的成熟感。

5. 大大的飘窗与素雅的主色调相辅相成，让空间显得更为明亮、浪漫，加上些许粉色元素与装饰壁画，平添几分优雅与温情。

6. 床靠背兼具陈列架的功能，将柜体与靠背的功能合二为一，在蓝色光圈图案的映衬下愈发端庄，将空间的气质凸显出来。

7. 极富艺术感的壁画装饰着床头墙，在花纹壁纸中开辟出一处纯净之地，以白色做底，描画出一幅抽象图画，为空间平添几分清新、时尚的气息。

POINT　空间解析

1. 整个空间都沉浸在粉色调的浪漫中，加上飘窗提供的大面积采光和没有过多装饰的布置，空间显得开阔、大气。

2. 白色纱帐为床铺蒙上一层浪漫的面纱，与典雅的米色家具和碎花床品一起书写女孩儿最纯真、最甜美的心事。

3. 粉色系的床品已经将小主人的喜好表露出来，飘窗的碎花窗帘则让女孩子爱浪漫的心得到满足。

4. 白色的家具、深色的实木地板、黄色的墙面漆，搭配着蓝色格子窗帘，清爽而明亮，将脱离稚气的女孩气质很好地表现出来。

5. 淡色系的空间设计能让人的心安静下来。图中灰、白色调的色彩使空间彰显出无比纯结的气质。

6、7. 银灰色是极富气质的一种色彩，用同样极富质感的材料与之搭配，点缀些许闪光的水钻，优雅、华贵、成熟、端庄的气质尽显无遗。

POINT 空间解析

1、2. 金属雕花与红色绸缎攒花的床头搭配有着白色蕾丝边的床品，将女性的柔美与优雅尽情表露，另一头则以字母凸显特色的置物柜搭配，塑造出一个充满华贵气质的女孩房。

3. 床头墙用橙色布帘装饰，为睡床营造一种"唯我独尊"的气势，将女性的威仪与优雅表现得淋漓尽致。

4、5. 黄色的点缀让空间给人眼前一亮的感觉，就是这样，亮丽的色彩无需大面积使用，只要运用恰当，同样能带来惊艳的效果。

6. 灰蓝色的床品与青翠的墙纸搭配，让整个空间弥漫出一股简练、清爽的气质，带着一点点男孩子的干脆、果断，又隐隐带着女孩儿的沉静与优雅。

7. 在以白色为主调的空间中加入一点点葱绿，空间顿时显出几分轻巧灵气，将女孩子个性中美好的一面表现出来。

8. 棕色硬包打造的床头墙与米色调的床形成鲜明的对比，再加上粉色立体玫瑰的点缀，女孩的柔美、温情和细腻尽显无遗。

儿童房家具
选购的注意事项

小孩子每天都要生长的环境，可以不好看不实用不精致不华丽，就是不能不安全。今天我们就来探讨一下儿童房卧室家具选购的注意事项，看看在选购儿童房家具时应该注意些什么。

1. 到有一定规模的正规家具商场购买正规品牌的产品。要开具正规发票，并且索要产品使用说明书和质保卡，以便发生质量问题时可以进行交涉。这是购物的一种意外保障，有凭据对事情的解释才有可信度，权益才能得以保障。

2. 在考虑儿童家具外形美观的同时，更要考虑产品的安全性。对一些几何图形的部件是否有尖角、会否伤人应分外注意，小孩天性比较贪玩，跌跌碰碰的，可能会不小心碰到身体，造成损伤。作为家长在选择儿童家具上应该多考虑到这些问题，以防意外发生。

3. 对高层儿童床的挡板的高度和长度及扶梯安全性应充分注意，要确保儿童使用时不会摔下；儿童椅的稳定性也要充分重视，要做一下检查，确保他们能睡得安心。

POINT 空间解析

9. 黑色的铁艺家具与白墙上的黑框壁画将整个空间晕染成一幅黑白色调的水墨画，清新淡雅间自有风情无限。

白色的家具、床品配合花纹壁纸，素雅中不乏生动，典雅中不缺灵动，是恬静淑女喜欢的最佳装饰。

1. 深紫色的靠背在灰色墙面的衬托下显得尤为突出,映衬着白色的床品、沙发座椅和可爱的小羊家具,既有小女孩的可爱,又有着成熟女性的妩媚、优雅。

2. 挂画也是女孩房装饰的重要元素。图中白色的床品让空间视觉上升到床头墙,两幅抽象画搭配蓝色墙纸让空间倍显气质。

3. 白色的床品与实木家具相结合,将纯净、温柔的女性气质融入到环境中,培养女孩优雅的气质与宽容的心态。

4. 浅色木饰面在床头墙上做出些许创意,"V"形搁架为平凡朴实的空间增添了丝丝灵动的气息,让原本淳朴温馨的空间洋溢出时尚感。

方正的格局给了空间设计上很大的便利,虽然从格局上安排略显单调,但这样的设计却是生活中最实用的。空间简单的设计也节省了装修成本。

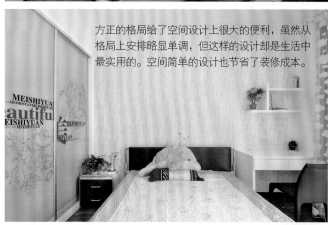

5. 棕色调的设施将稚嫩与孩子气完全摒弃,表现出女性性格中成熟稳重、内敛优雅的一面,让人感觉温馨又可靠。

6. 粉紫色的主色调与心形图案结合,打造了一个不同于粉红色调的浪漫空间,将小女儿情结弥散开来,让孩子更有归属感。

7. 大红色的床头靠背搭配米色家具，在端庄典雅中流露柔美、纯情，将女孩独有的浪漫情结书写得淋漓尽致。

8. 碎花充盈的空间，让人感受到几分春花的烂漫与香气，床头墙上的精美壁画在色彩和内容上都很突出，在空间里起着画龙点睛的作用。

空间解析

1. 素雅的色调与格子、圆点、碎花图案和木质、布艺元素一同出现，将一个混搭风情的空间呈现出来，为孩子带来田园般的清新与舒适。

2. 香槟金色的床靠背在米色床品的映衬下显得高贵而典雅，搭配墙上的花瓶壁画，使空间充满艺术感和浓厚的欧式气息。

3. 香槟色与米色的搭配将优雅、华贵的气质尽显，精巧的单人床、兼具书桌和梳妆台功能的家具组合，带着欧风气息，表达出屋主的追求。

4. 深浅不一的紫色为空间蒙上浪漫而优雅的面纱，既有层次感，又充分体现了空间的气质与本色：端庄优雅而又带点小女孩的浪漫情结。

5. 深色木质打造的床搭配深棕色的床品，将内敛而矜持的气质表露无遗，仿若中国传统的知性女子，一举一动，都让人回味无穷。

6. 褐色的软包既是床头背景墙，又是床靠背，结合着飘窗的设计，与明亮的玻璃窗形成鲜明的对比，飘逸中隐含沉静。

7. 蕾丝边的床裙是最具人气的女孩用品，也是最能表现女孩心思的物品，配合简洁的空间设施和床尾米色的榻，恬静而温柔。

8. 米色调的空间洋溢着母性的温柔和婉约，加上卷草图案的地毯和抽象壁画的装点，将美好完美地呈现。

1. 素雅的色调与深色实木的家具组合在一起，在新旧之间形成鲜明的对比，让一切显得清新而独立，空气也仿佛变得清澈起来。

2. 欧式风格的家具以精致的造型、高贵的色彩搭配和典雅的气质取胜，将小女孩的纯净和成年女性的优雅融为一体。

3. 床头墙是整个房间的亮点，紫色的布帘与白色绒毛相结合，为花边床靠背铺垫出一个华美的背景，让女孩感受公主般的尊崇与贵气。另一边，西瓜红的座椅在少女壁画的配合下，更添几分典雅与艺术感。

4. 简欧风格的室内设施以米灰色来表现，将欧式的优雅华贵与简约风格的简练时尚完美地结合在一起，打造出优雅的空间。

5. 深紫色的软包背景墙与灰色调的床品、窗帘、地毯相搭配，结合典雅的家具陈设，将欧式的奢华表达得淋漓尽致，让人眼花缭乱。